高等教育研究丛书 主编 艾前进
国家林草局2018年林业职业教育研究课题重点项目

林业职业院校特色治理

湖北生态工程职业技术学院治理能力建设的探索与实践

秦武峰 石海云 著

经济日报出版社

图书在版编目（CIP）数据

林业职业院校特色治理：湖北生态工程职业技术学院治理能力建设的探索与实践 / 秦武峰，石海云著. -- 北京：经济日报出版社，2019.7
　　ISBN 978-7-5196-0571-1

Ⅰ.①林… Ⅱ.①秦… ②石… Ⅲ.①林业–职业教育–学校治理–研究–武汉 Ⅳ.① S7-4

中国版本图书馆 CIP 数据核字 (2019) 第 152333 号

书　　名：	林业职业院校特色治理：湖北生态工程职业技术学院治理能力建设的探索与实践
丛书主编：	艾前进
作　　者：	秦武峰　石海云
责任编辑：	王　含
责任校对：	美文天下
出版发行：	经济日报出版社
地　　址：	北京市西城区白纸坊东街 2 号（邮编：100054）
电　　话：	010-63567690（编辑部）　63567687（邮购部） 010-63516959　63559665　83558469（发行部）
网　　址：	www.edpbook.com.cn
E – mail：	edpbook@sina.com
经　　销：	全国新华书店
印　　刷：	廊坊市瑞德印刷有限公司
开　　本：	710×1000　1/16
印　　张：	17
字　　数：	180 千字
版　　次：	2019 年 8 月第一版
印　　次：	2019 年 8 月第一次印刷
书　　号：	ISBN 978-7-5196-0571-1
定　　价：	68.00 元

特别提示：版权所有・盗印必究・印装有误・负责调换

《林业职业院校特色治理》编著委员会

主　　任：宋丛文
副主任：肖创伟
委　　员：袁继池　熊楚国　刘志科　徐自警　李启云
　　　　　付秋生　闵水发　靖顺和　白　涛　胡先祥
　　　　　石海云　李　毅　江雄波　何利华　石林墅
　　　　　程晓琼　侯　梅　张霁明　唐志强　钟昌龙
　　　　　汪　坤　杨　旭　盛　夏　秦武峰　林丽琼
著　　者：秦武峰　石海云

之所以在研究中尝试进行解释的方法是错误的，原因之一就是，其实我们只需要把看到的东西以正确的方式显现出来即可，无需添加其他评论，我们想从研究中得到的结论便自然而然地得到了。

——维特根斯坦

序一

用"五美教育"书写林业职教振兴新篇

张建龙

不谋万世者，不足谋一时；不谋全局者，不足谋一域。站在新的历史起点，林草职业院校应当如何牢固确立习近平总书记生态建设思想在林业办校治学育人中的根本指导地位，如何在时代大考中把准定位、科学布局、攻克难题、担当作为，是摆在新时代中国林业职业教育人面前的重大课题。

党中央加快推进生态文明建设和生态文明体制改革，开启了新时代林业现代化建设新征程，一系列难题破解需要改革创新，推进林业治理体系和治理能力现代化。近几年来，湖北生态工程职业技术学院党委担起第一责任，围绕中国职业教育的模式和标准，进行全方位的学校特色治理，坚持林业生态为特色，围绕"美丽事业"建设"山水风光美、城市环境美、居室艺术美、休闲生活美、科技现代美"的"五美教育"，学校据此打造出了各美基础类课程、个美拓展类课程、共美融合类课程、大美卓越类课程、特美新兴类的"五美课程"，培育的"美丽家乡建设人才"受到全国林业企业特别是湖北林业生态建设的欢迎。我认为，湖北生态工程职业技术学院的"五美教育"和学校治理探索实践，是新时代林草职业教育现代化的有生力量，是林草职业教育回归本质的改善，无论是从林草职教的技术层面上，还是教育者的行为模式上，抑或教育范式上，都体现了教育行为的"实际发生"向关注学生的"实际获得"转化。

把握林草职业院校的办学核心定位。办学核心决定学校的服务方向，林草职业院校改革建设必须始终坚持院校姓"林"，服务生态林业和林业经济的本质属性。湖北生态工程职业技术学院紧密联系国家和湖北林业建设实践，创新加强和改进思想政治工作思路，创造出用"三全育人"推进"五个思政"的经验和改革治理的十二大成果，使学校由"政校合一"向"府管校办"治理，转变为"有限主导—合作共治"的治学治教治校能力提升。这既是建设一流职业院校的先进经验，也是林业职教创新的实践；既有学科学术的可比性指标，又有林业生产力的贡献指标；既继承和发扬了林业职教的优良办学传统，又面向生态林业的未来开拓和创新，走出了一条具有我国林草职教特色的内涵式发展道路。

统筹林草职业院校的教学科研工作布局。教学科研是支撑院校体系建设的"梁"和"柱"，必须坚持两个轮子一起转。林业职业院校治理，不能丢掉教育教学根本，要牢固树立"三个面向"的办学方针、现代林业建设的思维理念、紧贴基层林草生态建设需求的工作导向，强化体系思维、搞好体系设计，更新教学理念、优化教学模式，打造林草特色鲜明的教学体系、课程体系、内容体系、评估体系和激励体系，推动以建领教、抓教为建落到实处。湖北生态工程职业技术学院着力"培养美丽事业建设者，锻造美丽湖北主力军"目标，坚持以生为本、以教学为中心，走林业行业特色发展之路，行开放开门办学之策，努力建设特色鲜明、优势突出的高水平职业院校，形成了鲜明的"绿色生态强品牌"战略，进入湖北省十大职业学校品牌。学校用林业职业教育的科技硬功在林业建设领域抢先布局，紧盯关系未来生存与发展的关键领域先手经略，聚焦主责主业搞科研，立足自主创新搞科研，依托校企合作、产教融合搞科研，成为湖北林业职业教育科研创新的先行者、领跑者和主力军。

破解林草职业院校的强校兴林现实问题。坚持问题导向，既是工作态度，也是工作方法。面对新情况新矛盾，特别是林草建设一线高技能人才保留和吸引难的问题，一方面积极稳妥地聚焦教研一线需求完善政策机制，一方面教育师生清醒认识到这些问题都是前进中的问题、发展中的问题，随着改革深化，一定会逐步得到解决。湖北生态工程职业技术学院通过全方位的学校治理理顺学校的"根本任务"，"根"因湖北林业而生，为湖北林业而存，伴湖北林业而兴，随湖北林业而旺，师生们把初心理解为林业建设的进步和发展，沿着"培养美丽事业建设者"的方向前行；"本"为立德树人、教书育人、管理育人、服务育人的传道、授业、解惑；"任"在"培养美丽事业建设者，建设美丽湖北主力军"；"务"求全校教职员工务根、务本、务事、务师、务实，充满正确的情感、态度、价值观，实现到位的责任担当、过程管理、陪伴成长、服务学生。他们着眼现实解决强校兴校的问题，教育引导师生树立家国情怀，用技能和知识报效林业，甘于拼搏奉献，收获了较好的办学成果。

观操守在利害时，见忠诚于担当处。当前，林草系统的职业院校建设正处在新老观念的碰撞期、结构重组的转型期、利益关系的调整期、矛盾问题的凸显期，教育部和国家林草局要求职业院校开展学校治理提升能力，各职院党委和行政班子的责任担当显得尤为重要。希望大家有机会看看这部书，学习借鉴湖北生态工程职业技术学院的治理成果，带头讲政治顾大局守规矩，带头重事业尽职责强担当，带头淡名利正风气做奉献，埋头苦干、真抓实干、紧张快干，以学校领导干部的党性、胸怀、格局和气度，引领和带动林业职业院校强校兴校强势推进、落地落实，用"五美教育"书写林业职教振兴新篇，在强林兴林的宏伟征程中交出合格答卷。

（作者张建龙，系国家林业和草原局党组书记、局长）

序二

建设特色品牌院校　走在职业院校前列

刘新池

因事而化、因时而进、因势而新。办好林业职业教育，必须推动改革创新。2013年8月，湖北省林业厅做出"两校合并"决策，将直属的湖北省园林工程技术学校合并到湖北生态工程职业技术学院，党组要求学校积极稳妥推进改革，塑造良好师德师风，高位推进学校建设，切实加强学校管理。合并后的学校党委担起了第一责任，按照国家教育、林草管理部门关于职业教育的要求，重点探索学校自身的治理能力建设，并且上升到国家林草局职业院校特色治理重点课题。特别是两校合并后，学校积极稳妥，有效保持了秩序稳定；一步到位，逐步完善了运行机制；统筹规划，高位推进了学校建设；双向发力，稳步扩大了办学规模；重视技能，显著提高了教学质量；突出特色，初步形成了办学品牌；立足行业，广泛开展了社会服务；创新管理，全力保障了校园安全；从严治党，全面加强了党的领导。教育教学围绕"美丽事业"，建设"山水风光美、城市环境美、居室艺术美、休闲生活美、科技现代美"的"五美"专业群，打造各美基础类课程、个美拓展类课程、共美融合类课程、大美卓越类课程、特美新兴类课程的"五美课程"，坚持"以木为特色，以林为优势"的特色发展思路，开放办学的教学质量明显提高，学生技能提升，实现了较高的就业率。学校以特色治理创新制度建设推进教育教学改革，使学校建设管理走在了林业职业院校前列。

面对《林业职业院校特色治理——湖北生态工程职业技术学院

治理能力建设的探索与实践》这部有基础、有改革、有办法的学术实践专著，我结合今年到学校的调研，感到学校取得的成绩和未来发展体现在"四个新"。

思政教育有新高度。浇花浇根，育人育心。2019年3月，习近平总书记主持学校思想政治理论课教师座谈会，对思政理论课教师提出了政治要强、情怀要深、思维要新、视野要广、自律要严、人格要正的"六要"新要求。2013年我到学校调研时讲过：教育是事业，需要奉献精神；教育是科学，需要求真精神；教育是艺术，需要创新精神。思想政治工作从根本上说是做人的工作，实际上是一个释疑解惑的过程，要帮助学生认识人生应该在哪用力、对谁用情、如何用心、做什么样的人。我们要发挥近5年来思政改革的成效，在思政教育上有更新的高度，围绕民族之魂和个人精神信仰，遵循思想政治工作规律，遵循教书育人规律，遵循学生成长规律，改进老办法，讲究亲和力，不断增强针对性、时代感和吸引力，用思政课的润物无声，给学生以人生启迪、智慧光芒、精神力量。

问题解决有新突破。湖北生态工程职业技术学院通过这些年的院校改革，有了健骨强筋的改变，构建起高水平、有特色的学校内部管理体系。在未来的深化治理中，学校要进一步重视职业教育教师"动口不动手"的问题，提高学生的职业技术动手能力，突出老师的素质培训，提高教学中的动手能力；把社会上的工匠请进校园、请进课堂面对面地教学生、影响学生；有计划地招聘一些有专业、有成果、动手能力强的优秀职教老师；加强教师的梯队建设和培养，使后备老师专业对口，有一定的层次。在此基础上搞好产教融合，使学校在校企合作、产教融合中有所作为，对标国际领先地位，既有效提高区域内的林业产业质效，又全面提升学校的教育教学水平；既改善老师的结构问题，又提高学生的动手能力。

创新管理有新局面。通过学校的治理和建设，教师管理环节得到加强，调动了积极性，大家目标同向、思想同心，拧成一股绳，朝着自己的目标前进；学生管理环节得到加强，体现出了新时代的要求，学校和教师在学生管理中将心比心，让学生努力做到学习好、生活好、休息好、身体好，利于学生自身成长，利于学校、家庭和社会稳定；社会校园管理环节得到加强，学校进一步强化意识形态管理，多渠道、多层面把握学生思想动态，时刻关注学生，为他们的现在和未来负责。

　　开放办学有新进展。这几年来，全校师生通过内部治理，品牌建设取得一系列突出成绩，在全省职业教育方队里有地位，在全国林业职业教育阵容里也有较好的位置。希望学校继续发扬好成绩，从保证对学生提供就业岗位的角度，加快加大开放办学步伐，以新的精神状态续写湖北林业职业教育改革的新辉煌，培育更多更好的优秀林业建设人才，担当起在推进长江经济带绿色发展、在全面建成小康社会、在经济高质量发展中的新作为。

（作者刘新池，系湖北省林业局党组书记、局长）

目 录

概论：迈向林业职业院校现代化的特色治理 /7
 背景：职业教育治理的依据和林业职院治理的内涵 /9
  职业教育治理的基本依据 /11
  林业职院治理的基本内涵 /16
 问题：林业职院向优质职院发展的"最后一公里"困境 /21
  向优质职院发展的困境成因 /21
  向优质职院发展的解决对策 /26
 探寻："五美教育"的典范及迈向现代化的治理成效 /29
  科学确立办学使命 /29
  探索实施"五美教育" /32
  治理内容与实践成效 /36

第一章　抓育人理念特色 /45
 学校校训：工具理性与价值理性融合 /46
 办学理念：林草行业性与职教性结合 /48
 育人理念：生态人格诉求与实践耦合 /50
  生态素养 /52
  专业素养 /57
  健康素养 /58
  劳动素养 /61

第二章　抓五美教育特色 /63

五美专业群 /64

山水风光美：林业生态特色专业群 /66

城市环境美：园林建筑特色专业群 /72

居室艺术美：家居设计特色专业群 /75

休闲生活美：森旅服务特色专业群 /77

科技现代美：林业信息技术专业群 /79

五美课程体系 /82

各美基础类课程 /83

个美拓展类课程 /84

共美融合类课程 /87

大美卓越类课程 /91

特美新兴类课程 /95

五艺技能美 /95

花艺　邂逅花卉艺术美 /96

园艺　装扮生态环境美 /97

木艺　传承传统工艺美 /98

茶艺　享受生活品位美 /99

杂艺　体验民间文化美 /100

第三章　抓立德树人特色 /103

立德树人：回归林业职业教育初心 /104

三全育人：推进五个思政守正创新 /105

学生思政 /106

教师思政 /109

课程思政 /110

学科思政 /111
环境思政 /112

第四章　抓教育教学特色 /114

党委抓教育教学：建立教育教学体系 /114
党委抓教育教学：打造专业教学标准 /120
党委抓教育教学：强化培养模式创新 /123
党委抓教育教学：构建以赛促教机制 /126
党委抓教育教学：院长教学述职评议 /137
党委抓教育教学：测试教师教学能力 /138
党委抓教育教学：淬炼有效高质课堂 /141
党委抓教育教学：协同创新创业教育 /144

第五章　抓师资建设特色 /150

一个核心：师德师风教育 /153
　　思政建设：解决"总开关"问题 /153
　　组织建设：树立正确的用人导向 /155
　　作风建设：提高服务能力和水平 /156
一把尺度：教师年度业务综合考核 /160
六项培养计划：教师梯队建设 /163
六项培养计划：教师企业顶岗 /165
六项培养计划：青年教师导师制 /166
六项培养计划：技能名师工作室 /169
六项培养计划：科技创新与社会服务团队 /175
六项培养计划：兼职教师队伍建设 /178
　　走向世赛：楚天技能名师孙艳霞 /180
　　文化自信：园林古建大师工作室 /181

传承非遗：民间工艺技能大师徐海清 /181

第六章　抓人事制度特色 /184
　　定岗定责一岗三责 /186
　　构建全面薪酬体系 /186
　　改革职称评聘办法 /189

第七章　抓合作交流特色 /194
　　校企合作：搭建产教融合的共赢桥 /194
　　校际合作：搭建学生成才的立交桥 /198
　　校地合作：搭建社会服务的连心桥 /199
　　国际合作：搭建境外交流的畅通桥 /201

第八章　抓社会服务特色 /202
　　生态文明进校园：高举生态文明教育大旗 /203
　　林业职工再教育：拓展非学历教育新格局 /206
　　院士专家工作站：提升服务林草行业站位 /209
　　院省培训合作：构建立体化培训教育体系 /210
　　职业教育扶贫：多种行之有效的扶贫模式 /213

第九章　抓体制机制特色 /216
　　核准发布章程：落实领导体制 /216
　　　　治理架构 /217
　　　　决策机制 /217
　　　　社会关系 /217
　　校院两级管理：优化治理结构 /217
　　健全参与制度：理顺运行机制 /218

党委运行机制 /218
　　行政运行机制 /218
　　教育与科技委员会运行机制 /218
　　校企合作委员会运行机制 /219
一年聚焦一主题：抓重点强特色 /219
　　管理与质量年 /219
　　改革与服务年 /219
　　创新与质量年 /220
　　特色与高质年 /220
特色质量评价：督导与诊断"双轮驱动" /221
　　专职教学督导团队 /221
　　内部质量保证体系 /222

第十章　抓条件保障特色 /226
硬件打基础 /226
管理提质量 /228
安全护大局 /234

结语：从"五美教育"走向"双高计划"的特色治理 /236
特色治理的思考 /238
　　特色治理的前提是建立章程 /239
　　特色治理的核心是固化理念 /240
　　特色治理的根本是制度建设 /241
　　特色治理的关键是优化结构 /242
　　特色治理的诉求是提升能力 /242
　　特色治理的目标是提高质量 /243
特色治理的经验 /244

核心能动者 /245
　　积极的行政 /248
　　多元化共治 /250
特色治理的展望 /253
　　进一步争取落实好办学自主权 /253
　　进一步构建多元参与治理模式 /254
　　进一步创新完善教授治学体系 /255
　　进一步完善校院两级治理结构 /255
　　进一步探索内部重点领域改革 /256

后记 /257

概　论

迈向林业职业院校现代化的特色治理

职校办学萎缩，高职生源下降，是我国职业教育领域存在多年的老问题。2012年，被誉为湖北林业"黄埔军校"的湖北生态工程职业技术学院迎来建校60周年。甲子校庆，总结历史很辉煌，展望未来却有乏力感。追根溯源，地方政府办教育追求升学率，教育管理和评价体系反复刺激学生和家长追求更高的学历，有意无意把职业院校列为低等学校。当时学校也遇到了招生难题，不得不提前组织力量，深入省内各市、州特别是山区偏远普通中学"做工作"，想方设法招到合适的应届应考学生。

学校党委在总结传承一甲子办学治学经验的同时，深刻反思办学得失，以职业教育"低人一等"的社会问题入手，转变教育观念，把职业教育办专办实，不盲目照搬全国职业院校的通用办学思路。作为林业职业院校，要守住林业生态建设的主线，着力自然资源保护修复、管理运营和利用，全面深化改革，树立正确的人才观，深化办学方向和课程体系改革，"使无业者有业，使有业者乐业"，办出湖北生态工程职业技术学院的"林业职业"和"生态特色"来。学校静下心来办学，不盲目追求学历教育上层次，不盲目追求自身的行政升格，在师生和学生家长中加大崇尚技能的宣传氛围，全面调整教育管理和评价体系，提升治理能力，健全立德树人落实机制，扭转不全面的教育教学评价导向，坚决克服唯分数、唯文凭、唯论文等顽瘴痼疾，真正做到让每个在校学生享有公平而有高质量的职业教育，并以此作为学校治理能力建设的长期任务，使学校破解了招生难题，校正了办学方向。2013年8月，湖北省林业局党组做出"两校合并"决策，将直属的湖北省园林工程技术学校合并到湖北生态工程职业技术学院，要求积极稳妥推进改革，塑造良好师德师风，高位推进学校建设，切实加强学校管理。两校合并后，学校党委担起第一责任，积极稳妥完善管理体制、内部机构、干部调整、薪酬体系，从制度建设方面统筹规划，高位推进，按照国家教育、林草管理部门的职教要求，重点探索学校自身的治理能力建设。

学校推进改革特别是两校合并以来，推进特色品牌建设。建起了高品位的科技与培训楼，基础设施上了一个新台阶；开放办学的教学质量明显提高，学生技能提升实现了较高的就业率；学校以特色治理创新制度建设，推进了教育教学改革，一系列治理成果得到教育部、国家林草局和湖北省委、省政府的认同和赞誉。2018年7月，国家林草局安排学校在北戴河举办的"全国林业职业院校治理与领导能力建设研讨会"上专题介绍学校治理经验；2018年11月，国家林草局在江苏省泰州市召开"全国林业职业院校思想政治建设能力提升研修班"，学校党委书记宋丛文教授专题报告了学校落实"三全育人"推进"五个思政"的具体做法，系统推介学校治理经验；2018年5月，国家林草局将"新时代林业职业院校内部治理问题研究"列为2018年度全国林业职业教育重点研究课题。

背景：
职业教育治理的依据和林业职院治理的内涵

高等性与职业性是高等职业教育与生俱来的基本特性。我国的高等职业教育服务产业（行业）是一大特色，也是独特的历史、独特的文化、独特的国情所需。国家和民族发展，要求职业教育"四个自信"。在理论自信上，以建设人人出彩、国家需要、人民满意的高等职业教育为目标，构建服务国家富强和民族振兴的现代高等职业教育理论体系，实现理论指导；在文化自信上，系统开展高等职业教育传承中华传统优秀文化、培育现代工匠精神的研究，形成特色高等职业教育文化观，实现文化熏陶；在制度自信上，构建培养德智体美劳全面发展人才的中国高等职业教育体系，推进政府行业企业学校协同开展技术创新、就业创业、社会服务和文化传承，实现制度保障；在道路自信上，深化高等职业教育的治理结构改革，完善现代化高等职业教育和培训体系，实现道路自信。

要使一所职业院校有充分的自信，必须要有适合本校师资培养和技术技能人才培育的新要求。结合甲子校庆，湖北生态工程职业技术学院在开启教育教学新航程时明确：教师要做到教书和育人相统一，坚守教室与校内外实践场所育人主阵地，把专业的岗位素质和技术素养、正确的价值追求和理想信念有效传导给学生；做到言传和身教相统一，给学生传授知识与技术技能，要把握最新技术动态和能力素质要求，带领学生开展项目研究和技术服务，培养德技双馨的人才；做到潜心问道和关注社会相统一，要旗帜鲜明、立场坚定，确保为党和国家培养合格的建设者和接班人；做到学术自由和学术规范相统一，更要谨守学术道德规范，向更有利于中国特色社会主义职业教育发展的方向进行探索与研究。学生要通过学校几年的技术技能培育，成为具有新思想、新素养、新能力、新知识的新型人才。在新思想上，要坚定中国特色社会主义道路自信、理论自信、制度自信、文化自信，立志积极参与民族复兴的时代重任；在新素养上，要崇尚劳动、尊重劳动，在劳动的过程中提升职业道德素养，不断塑造精益求精的工匠精神；在新能力上，在具有一技之长服务社会的基础上，终身学习并不断提升自我增值的能力；在新知识上，自觉顺应时代与科技的发展，不断丰富自身的知识结构，成为新知识的应用者和新技术的推动者。

新形势下的改革开放和社会全面进步，对职业教育提出了新的更高要求。湖北生态工程职业技术学院党委坚定信念，从服务国家战略、服务美丽中国建设、引领林业职教发展出发，确定学校发展思路。在服务国家战略上，确保学校面向基层，贴近需求，发挥教育扶贫的有效作用，阻断代际贫困，创建湖北林业职教集团，组建不同形式的产教联盟，联合林业企业构建精准扶贫平台；服务湖北林业经济，自觉担负起区域高质量发展的实践之责，是学校的时代特征和地方特点，在课程布局结构、专业开设结构、技术更新能力、教学和培训能力，都尽量与经济社会发展特别是林业建设的布局结构相适应；努力通过自我改革发展，引领全国林业职教发展，提供创新思路，办出人民满意的林业职业教育。

人民对美好生活的向往，就是我们的奋斗目标。只有立足于服务国家发展和林业建设需求，才能走出有林业特色的高质量林业职业院校的建设之路，才能培养出可以传承技术技能、促进就业创业的"人人出彩"的多样化人才。学校党委认为，只有坚持专业设置与调整动态化，才能积极回应人民对更多优质职业教育资源的诉求和期盼；只有在人才培养方案与模式上实现多样化，才能满足社会成员多样化学习和人的全面发展需要；只有在人才培养过程充满情怀，才能增强对学生、家长和社会的自信心，而这需要引导行业、企业和社会力量都参与到人才培养、技能培训、实训基地和教学资源的建设之中，形成多元办学格局。集合千家万企的智慧和力量，群策群力办出学生向往、行业满意的职业院校来。对此，湖北生态工程职业技术学院上下一心，凝聚治理共识，进行全方位的治理能力建设。

职业教育治理的基本依据

"治理"一词，是20世纪90年代以来国际政治学领域逐渐流行的一个概念。作为政府行政管理的工具，治理是政府行为的一种方式，是通过某些途径用以调节政府行为的机制。近年来，与之相呼应的还有更侧重于公共产品供给和分配方面的"公共治理"及就全球性议题进行协作的"全球治理"。相对于之前意识形态和强制色彩更浓的"统治"和"管治"而言，"治理"更为中性，也更凸显绩效观念。

治理的英文是"govern"，翻译成中文为"国家层面的管理、统治"或"规则、原则等的控制、支配、决定"。汉语中治理的内涵包括四个方面：一是管理、统治或得到管理、统治；二是理政的成绩；三是治理政务的道理；四是处理、整修。在政治学领域，通常指国家治理，即政府如何运用国家权力（治权）来管理国家和人民。在商业领域，主要指公司治理，即公司等组织中的管理方式和制度等。

"治理"一词最早见于我国春秋战国时期荀子的《君道》一文中，文中写道"明分职，序事业，材技官能，莫不治理，则公道达而私门塞矣"。其意为分清职责，理清事务的关系，让有才能的人去做技术活，有本事的人去做官，这些都需要治理，如果按照治理的方法这样去做了，财富分配就能公道，社会秩序就能通达，公平正义就能得到彰显，与此同时，私事就会得到阻止。治理理论的主要创始人之一罗西瑙（J. N. Rosenau）认为，治理是一系列活动领域中未得到正式授权却能发挥有效作用的管理机制。联合国全球治理委员会认为，"治理"是公共或私人领域内机构或个人管理共同事物的方法总和，用以调和相互之间的不同利益或冲突，保持联合行动的可持续性。

综观"治理"，核心是"权力流散"，打破某一个权力主体对权力的垄断，将权力分解给不同的主体，强调权力机构的多元化。就职业院校内部治理而言，是管理方式、制度和机制等的总称。整合内外部资源、管理流程走向科学化的过程，同时也是学校治理理念不断延伸、优化的过程。就外部治理来说，目的在于理顺职业院校在职业教育改革发展中的职能和角色定位，扩大自主办学能力，更有效地参与行业和企业建设，在校地合作、校企合作中协同创新，在共赢中实现善治。

著名学者俞可平是国内治理理论公认的开拓者，他认为治理强调的是互相影响的行为者之间的互动，而不是通过外部权威强加的。俞可平对治理理论的开创性研究，对职业院校治理能力建设具有直接的意义。关于治理的话语体系，党的十八届三中全会是一个重要的节点，这次全会提出，推进国家治理体系和治理能力现代化，社会主义现代化增加了治理之维。在国家治理体系的大棋局中，党中央是坐镇军帐中的"帅"，调动社会方方面面的能量各展"车马炮"之长。任何一个组织都会涉及治理问题，职业院校也不例外。职业院校内部同样需要通过制度化安排来实现发展目标，践行既定理论。进入新时代以来，国家对职业教育领域，宏观上简政放权，微观上激励搞活，已经成为职教改革的主旋律，目的是要全面激发学校的办学活力。理论上，学者们围绕职业院校治理的内涵、运行机制、理论基础等进行了丰富的研究；实践中，不少职业院校开展了章程建设等治理能力提升的实践。无论理论层面还是实践探索，职业院校的治理能力建设都已经有了新的突破，形成了一定的走向。

湖北生态工程职业技术学院治理能力建设紧紧依靠国家治理体系和治理能力现代化建设，在治理实践中严格按照《国家中长期教育改革和发展规划钢要（2010—2020年）》提出的"完善中国特色现代大学制度，完善大学治理结构，深化校内管理体制改革"的制度改革创新目标而有序推进。学校多年来持续治理的依据有，2010年出台的《中国共产党普通高等学校基层组织工作条例》规定，高等学校实行党委领导下的校长负责制；2013年，十八届三中全会通过的《中共中央关于全面深化改革若干重大问题的决定》提出："全面深化改革的总目标是完善和发展中国特色社会主义制度，推进国家治理体系和治理能力现代化。"在教育领域特别指出：深入推进管办评分离，扩大省级政府教育统筹权和学校办学自主权，完善学校内部治理；2014年，中共中央办公厅推出《关于坚持和完善普通高等学校党委领导下的校长负责制的实施意见》，党委领导下的校长负责制是一个不可分割的有机整体，必须坚持党委的领导核心地位，这是党中央推进中国特色现代大学制度建设的重要举措，为加强高校党的建设工作、完善高校领导体制和运行机制提供了重要遵循。同年出台的《国务院关于加快发展现代职业教育的决定》是一份国家从宏观层面对职业教育发展进行顶层设计的文件，提出了建立现代职业教育体系的要求[1]。《决定》直接提到"治理"的有两处，分别是"职业院校要依法制定体现职业教育特色的章程和制度，完善治理结构，提升治理能力"，"健全联席会、董事会、理事会等治理结构和决策机制"，与治理结构、治理能力相关的表述就有11条。《决定》强调职业院校"治理"是对治理理念的升华，重点表现在五个方面：第一，重新定位了参与职业院校治理的不同主体间的关系；第二，更强调政府、行业、学校、社会组织乃至个人等行为主体共同参与；第三，更强调职业院校互动式的管理模式；第四，更加强调制度建设与法治，从各个环

---

[1] 2014年，国务院印发的《关于加快发展现代职业教育的决定》以及教育部等六部委印发的《现代职业教育体系建设规划》，标志着国家发展现代职业教育的顶层设计已经完成，为职业院校完善治理体系，形成高水平的治理能力提供了框架性制度，也是对新形势下职业教育创新发展做出的积极回应。

节、各个角度推动职业院校依法治理、制度建设、标准建设，并最终形成体系；第五，从效果上讲，更加强调发挥长效作用。《决定》的颁布，为职业院校完善治理体系，形成高水平的治理能力提供了框架性制度，也是对新形势下职业教育创新发展做出的积极回应。

现代职业教育框架体系示意图

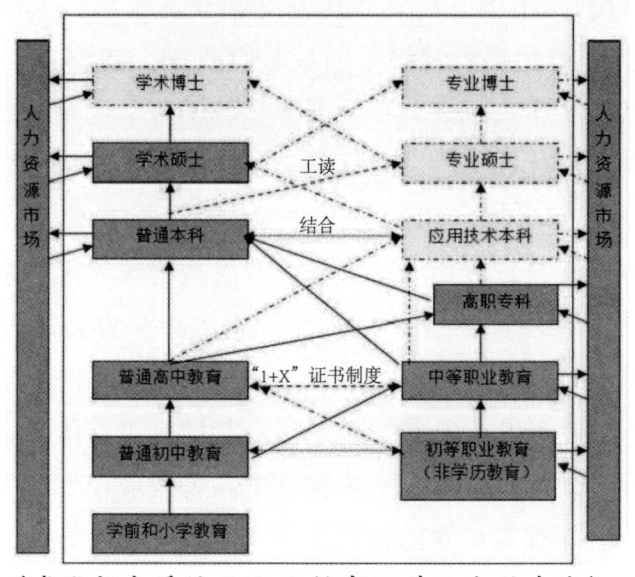

（虚线部分系林业职业教育目前缺失的内容）

2014年，教育部等六部门印发《现代职业教育体系建设规划（2014—2020）》，直接具体提出要"提高职业院校治理能力"。为贯彻落实十八届三中全会关于扩大学校办学自主权的部署，激发高校办学活力，全面提高教育质量，国家教育体制改革领导小组办公室印发了《关于进一步落实和扩大高校办学自主权完善高校内部治理结构的意见》。意见提出，要加快完善中国特色现代大学制度，加快推进高等教育治理体系和治理能力现代化，形成政府宏观管理、学校依法自主办学、社会广泛参与支持的格局，促进高校办出特色、争创一流。2015年，十八届五中全会把"国家治理体系和治理能力现代化取得重大进展"作为11个目标要求之一，这既是国家改革的总目标，也是各领域改革的总要求。教育部印发的《高等职业教育创新发展行动计划（2015—2018年）》《职业院校管理水平提升行动规划（2015—2018）》和《高等职业院校内部质量保证体系诊断与改进指导方案（试行）》，都有完善治理结构的考量，这标志着职业院校治理开始步入新征程。

2017年，对于新时代的职业教育体系建设，十九大报告明确提出"完善职业教育和培训体系"，这是国家对职业教育未来走向至关重要的指导方针、方向性的顶层设计。这个体系最重要的突破，是将以前相对分离的职业教育和职业教育培训统合起来，有机统一为一个整体，"职业教育"和"培训"将逐渐融合。

2019年，国务院印发了《国家职业教育改革实施方案》，旨在解决长期制约职业教育发展的体制机制难题，最大限度凝聚各方共识，形成推动职业教育发展的合力，这是改革开放以来的第五个重要文件，有路线图、时间表和任务书，简称"职教20条"。

通过不断地学习消化党中央、国务院的教育改革治理文件精神，领会落实教育部等各部委关于职业院校治理和职教改革的方向要求，湖北生态工程职业技术学院在持续的学校治理中得出五个体会：

——全面深化改革要求完善职业院校治理结构。中央将推进国家治理体系和治理能力现代化作为全面深化改革的这一宏观思路，为各个领域深化改革指明了方向。经过20余年发展，职业教育已经进入了由规模扩张向内涵提升的关键期，迫切需要厘清改革发展中的问题，创新发展路径。深化职业教育改革发展，要求职业院校也必须紧跟中央思路，完善职业教育治理体系，形成高水平的职业教育治理能力。

——发展现代职业教育要求必须树立治理理念。发展现代职业教育，是转方式、调结构、促转型的战略举措。职业教育发展不仅和政府、学校、个人有关，也和市场、行业企业、社会组织等相关，必须更加重视各个主体的作用，树立治理理念，使不同主体相互补充，相互作用，形成合力，更大程度上调动和发挥各方的积极性。

——提高职业教育办学质量必须提升治理能力。根据十九大提出的社会主要矛盾的转化，我国职业教育主要矛盾转为人民日益增长的技术技能学习需要和职业教育不平衡不充分发展之间的矛盾，林业职业教育主要矛盾在办学层面的反映，集中为内部治理体系上的矛盾。职业教育治理能力的提升，是内涵式发展的客观要求，也是提升职业教育办学质量的基本保障。

——创造良好发展环境呼吁新的治理模式。吸引力不足一直是制约自身发展的重要因素。"重知识，轻技能"的社会现状并没有得到根本改善。要提高社会吸引力，真正实现"不唯学历凭能力"，为职业教育发展创造良好环境，呼吁社会各界更加深入、广泛地参与办学过程，要求必须吸收更多的力量加入治理体系，创设新的治理模式。

——"跟上社会步伐"必须创新治理模式。李克强总理指出，"完全由政府主导的职业教育，很可能偏离社会需求。发展现代职业教育，必须要依靠政府、市场和社会三者的力量，职业教育要跟上社会步伐。"而职业教育要跟上社会步伐，就必须在治理过程中更加注重发挥各种社会力量的作用，形成治理合力，发挥长效机制。高等教育步入大众化阶段后，特色发展的呼声更加响亮，特色发展需要特色治理。

林业职业院校特色治理的基本内涵

从"管理"到"治理"，虽然一字之差，但其内涵与外延有了巨大变化。习近平总书记指出，治理和管理一字之差，体现的是系统治理、依法治理、源头治理、综合施策，治理是管理达到了一定水平才出现的状态。这也意味着，管理是治理的上位概念，治理是管理的内在追求。管理强调的是目标的实现，治理强调的是过程的井然有序。

首先说治理能力，治理能力是职业教育治理主体所表现出的化解阻碍职业教育发展矛盾，解决问题的能力。肖凤翔教授认为，治理能力的形成是职业教育走出实践困境，由无序状态转向有序状态的过程，是实现有效治理的关键。

对职业院校而言，在"实现共赢与追求善治"的过程中，同样需要不断提高治理能力与治理体系的现代化水平。学校治理分为外部治理和内部治理：外部治理要求处理好学校和行政主管部门、政府及职能部门、市场、社会之间的关系；内部治理通过科学合理的分配，实现内部党委、行政、学术、服务、管理、监督等方面的决策权与收益权。学校内部治理变革要充分尊重各利益相关者的利益表达与利益诉求，在追求"合作博弈"过程中，实现各利益相关者利益表达与利益诉求的"最大公约数"，实现彼此职、权、责、利的有机统一与良性互动。职业院校内部治理要紧紧围绕各利益相关者的职、权、责、利，通过相关机制构建、制度安排、政策支持，保障有章可循、有效管理、有序工作，不断实现内部利益协调与利益整合，从而推进新时期学校改革创新。要实现内部治理变革，必须强化利益整合，推崇协同创新，注重共同治理，从而建立健全适应自身治理规律的权力运行与权利保障机制，以科学而规范的服务与管理不断提升人才培养的质量与服务社会的能力。

湖北生态工程职业技术学院在治理进程中，基于职业教育是一种教育类型，充分认清学校的高教性和职教性，从高教性出发，认真履行大学的四大职能，形成治理的基本框架；从职教性出发，产教融合是办学的基本特征，校企合作是职业院校人才培养模式的重要特点。开放开门办学，整合和引进各种社会资源，使学校在政产学研用之间充分发挥内外部的运作作用，统筹协调体现出区域内的高教性办学理念、学校精神，体现出有效治理后的职教性的产教融合、校企合作等学校和师生能力建设作为。学校在内部治理中，主要探索了以下几个方面：

共同治理。职业教育跨越职业与教育、企业与学校、工作与学习的界域。学校规范保障"跨界"教育，遵循职业和教育双重规律，构建内部治理基本形态。根据技术技能人才的培养定位，承载现代大学的学术性和现代职业的技术性的制度设计理念，实现行业企业要素对教育要素有效融入的治理手段和治理结构。"政府主导、行业指导、学校主体、企业参与"的运行机制，决定学校具有利益相关者组织的典型性，既有政府、行业、企业、学校的外部相关者维度，也有学校、教师、学生、家长的内部相关者维度。满足和实现不同的利益相关者对自身价值、利益和目标的主张，建立共同治理的体制机制，包括各方参与人才培养的价值体系、组织体系、制度体系和行动体系。通过共同治理，借助市场机制，与相对独立主体间协商合作实现学校治理效果，激发学校、主管部门、政府组织、行业、企业、科研机构、学生、家长等行为主体参与学校治理，不断提高学校治理模式与社会经济发展需求的契合度。

开放治理。产教融合、校企合作是现代职业教育发展的基本要求，也是实现人才培养目标的根本途径。职业院校的人才培养过程呈现出高度的开放性，表现为专业、课程、师资、基地等教学要素以及教学组织、运行、评价等教学过程的开放性，由此构成了职业院校以教学治理为核心的内部治理行为的开放性特征。这种开放性，要求专业设置与经济需求对接，适应产业结构调整，满足人才需求；教学资源适应经济发展、产业升级和技术进步的开放式，不断地资源整合、开发利用校企协同，实现教学资源产教融合；开放教学过程，开放教学管理，将生产性要素融入课程教学，实现教学过程与生产过程对接；提升教师职业教育教学能力，聘请行业企业专家兼职教师，用"双师型"教学团队建立具有高度开放性和融合性、校企互动交流、共同管理的创新教学治理组织。

包容治理。学校治理要追求有价值、有理念，在包容开放中相互尊重、信任合作、共赢共生。相互尊重是学校治理的基点，力避学校治理中利益相关方厚此薄彼，使学校教育教学良性运作。尊重政府组织、行业、企业、科研机构、学生、家长等行为主体，保证学校健康可持续发展；相互信任是学校治理的平台，学校与社会各个行为主体相互信任，不在利益上打自己的小算盘，因为缺少相互协调的治理是无序的，是缺少利益分享的；相互共赢是学校治理的落脚点，为了生存与发展，各利益相关方都要意识到共生的重要性，并将理念贯穿于学校治理的全过程。学校治理的目的是"扔掉"各利益相关方的"小算盘"，通过整合学校、政府组织、行业、企业、科研机构、学生、学生家长等行为主体间的关系，促进各利益相关方形成命运共同体，以此实现治理共赢共生的宗旨。

分类治理。现代职业教育发展的一个基本内涵是遵循以人为本理念，满足学生个性化、差异化的发展诉求。职业教育在现代职业教育体系中具有下接中职、上联本科以及服务终身教育的重要作用，适应人才培养的多样化趋势，围绕人才培养目标、标准、内容、方式和评价，实施层次结构和类别结构梯度合理的分类治理，已经逐步成为职业院校内部治理的重要特征。生源多样化要求实行分类治理，中职生、普高生以及退伍军人、农村社会青年、行业干部职工等不同生源的学习基础差异较大，需要采取不同的招考制度、培养方案和培养方式；学生个性化发展要求实行分类治理，真正拓展学生的成长空间，必须充分尊重学生的选择权，建立多元化的培养制度，完善分层教学、分类培养的治理框架，实现差异培养与学生需求、社会需求多样性的吻合；培养类型多样化要求实行分类治理，针对全日制职业教育与非全日制职业教育、学历职业教育与非学历职业教育、中高职衔接教育、本专联合培养等不同学制类型和培养类型，要求学校在人才培养的规格层次、培养方式和质量标准等方面实施有序的分类治理。

制度治理。职业院校的制度治理要在相关政策法规制度下，创新院校治理模式。职教性需要大量的社会自主合作，对学校治校而言，需要有合适的制度强制约束。遵守和落实各项政策法规制度，也是保障学校治理和顺畅运作的制度需要。在维权意识不断增强和以人为本的大背景下，传统简单粗暴的解决方式失去了存在的土壤，构建合理高效的利益分配机制是治理取得成功的关键，如果没有制度作为保障，就不会对治理水平提升产生有效作用。

政府引导治理。职业院校治理是新公共管理和多中心治理在院校管理改革过程中的协作与融合。公共管理通过政府主导整合，多中心治理是各个社会主体既各自独立又互信合作的行为。公共管理与多中心治理融合的职业院校治理是一种新型社会治理。构建中国特色职业院校治理模式，要顺应当代经济建设与区域经济社会发展需求的现实。互联网＋、一带一路等等国家重大战略的实施，给人才培养提出了更高的要求，传统的流水线式人才培养模式已逐渐被"私人定制"式的人才培养模式所替代，有个性的高素质技术技能型人才成为行业企业的"新宠"。单凭职业院校本身培养人才已不合时宜，需要将政府、行业、企业、研究机构等相对独立平等的主体纳入，构建新型的共同培养机制，政府与其他相对独立的平等主体在理论上是信任与合作的关系，允许职业院校行使办学自主权，但真正的管、办、评的制度却是分离的。职业院校从专业设置、课程建设、学生招考、师资聘任、职称评定、资金投入、实训基地建设等各个方面，都可以看到政府的"遥控影子"。

政府不是可有可无的角色，而是具有很强的引导作用和督导作用。

绿色化治理。从"可持续发展""科学发展"到"绿色发展"，从"千年大计"到"根本大计"，从"两型社会"到"美丽中国"，国家绿色治理理念日益强化，绿色治理的目标已经形成：形成节约资源和保护环境的空间格局、产业结构、生产方式、生活方式，为子孙后代留下天蓝、地绿、水清的生产生活环境。在绿色理念的引导下，学校加强绿色化基础设施建设，培养师生绿色素养，扛起绿色宣传、生态文明传播的大旗，实现了林业职业院校绿色治理能力的有效提升。

问题：
林业职业院校向优质职院发展的"最后一公里"困境

职业院校作为高素质劳动者和技术技能人才的主要阵地，是国家实现治理能力现代化的重要保障，也是国家治理能力的重要组成部分。林业是改善生态环境的重要手段和途径，对生态环境的改善和保护具有重要作用。加强林业生态建设离不开林业职业教育的基础作用，但林业职业教育的现状在相当长的一段时间内却不容乐观，自身地位不高，发挥作用不明显，甚至一度被边缘化。

向优质职院发展的困境成因

林业职业院校向优质职院发展的困境，有历史的发展和现实的演进原因。我国职业院校大部分由"三改一补"，即通过改革职业大学、部分高等专科学校和成人高校的办学模式以及中专学校升格等形式组建而成的。根据教育部相关数据，我国职业教育的发展规模已经世界最大。2018年,全国有职业院校1.17万所;中等职业教育和普通专科招生928.24万人,在校生2685.54万人。其中,全国中等职业教育共有学校1.03万所,职业(专科)院校1418所。中等职业教育招生559.41万人,在校生1551.84万人,招生和在校生分别占高中阶段教育的41.37%、39.47%;普通专科招生368.83万人,在校生1133.7万人,招生和在校生分别占普通本专科的46.63%、40.05%。受传统高校等级观念和创新发展制约影响,职业院校"千校一面"同质化倾向依然明显。自1999年高校扩招以来,林业职业教育得到了快速发展,除8所本科院校陆续设立林业职业技术学院外,在2000年以后,就先后建立了18所仍由林业部门(企业)举办和管理的独立设置的高等林业(含农林)职业院校,另外大约有90余所职业院校也开设了职业林科类专业。到2017年年底,涉林职业院校已达200多所,林业职业教育毕业生超过4.15万人,林业中职教育毕业生超过6.08万人。林业职业教育直接关系到行业自身人力资源保障体系的完善和从业队伍综合素质的提高,就全国发展水平而言,仍低于全国职业高专院校的发展水平,摆脱不了普通本科院校的影响。

我国职业林草类专业布点情况统计表

专业名称	开设专业学校数	专业名称	开设专业学校数
林业技术	28	自然保护区建设与管理	3
森林资源保护	10	林业信息技术与管理	5
野生植物资源保护	3	林业调查与信息处理	4
野生动物资源保护	3	经济林培育与利用	4
园林技术	200	森林防火指挥与通讯	1
木材加工技术	7	森林生态旅游	9
木工设备应用技术	2	草业技术	2

第二个原因是林业行业的因素,宋丛文教授是国内第一位系统总结林业行业特点影响林业职院发展困境的学者,他认为有四

个原因：**一是林业行业公益性程度高，而行业的产业程度相对较弱；二是林业的职业岗位界限不明确，一直以来，导致林业职业教育与此对接存在诸多困难；三是林业行业标准不健全，没有完整的标准体系，职业院校没法与标准对接；四是林业的地域特点非常明确，这些特点所带来的林业职业院校教学组织及治理水平各不相同。**行业的原因使林业职业教育的公益性属性更加突出，更需要政府统筹、行业指导。

制约林业职业院校发展的第三个原因是很长一个时期内教育经费投入欠缺，致使各学校人力、财力、物力欠缺，行业主管部门把其作为其二级事业单位管理，而不是将其作为一个高校，按教育的规律来管理，也没有专项经费支持林业职业院校的建设。由于林业职业教育本身的弱势地位和林业的公益性、社会性、艰苦性与低回报率，林业职业院校一般较难获得社会捐助和收入，与有特色的林业职业教育的要求产生了一定距离，这些问题体现在各学校不同程度地存在教师"混教"，学生"混学"现象。

究其原因，学生"混学"的背后是教师"混教"，而教师"混教"的背后是学校办学导向出现偏差。有的林业职业院校办学者对办好一流高职本身缺乏认同，总认为再怎么抓教学质量，高职也比不过本科。一些院校并不安于职业的定位，在评价教学质量时，也非坚持就业导向，而采取学历导向，把专升本率作为重要的指标；有的林业职业办学者追求眼下办学成果，考核教师的指标，沿用本科院校采用的论文、课题、经费指标，把教师的精力导向开展科研。

对此，国家林草局林业职教管理部门看得很清楚，抓得也及时，针对"混教""混学"困境专项治理，解决各林业职业院校的办学定位和导向问题。淡化行政评价，推进专业评价，建立科学、合理的职业办学评价体系；完善和加大对各林业职业院校的扶持力度；改革对各高职教师的考核评价体系，在引导各学校加强院校治理与领导能力建设的同时，每年都举办一些有针对性的专题研讨班深入思考、加强交流、取长补短，为新时代林业发展培养出更多有用的人才，为建设生态文明、建设美丽中国做出新的更大的贡献。

全国林业职业院校对照建设现代大学制度、创建一流职业院校标准，推进教育治理体系和治理能力现代化，适应林业职业教育"新常态"的发展要求。在向优质校发展的道路上还存在以下六个方面的主要问题，是林业职业院校的"最后一公里"困境，需要进行卓有成效的治理。

一是办学自主权落实不到位。办学的自主权，是多少年职业院校一直在呼吁的话题。《国家中长期改革与发展纲要》也强化了这一点，提出要"推进政校分开、管办分离，落实和扩大学校办学自主权，完善中国特色现代大学制度"。凡强化的一定是目前弱化的。林业职业院校属行业办学，很多时候主管部门不是把学校当成大学来办，而是当成其二级单位在管理，导致"放管服"改革滞后，林业职业院校办学自主权落实不到位的现象相较于教育部门主管的职业院校更为明显。

二是办学理念特色不鲜明。林业职业院校大部分时间都是在计划经济时期依靠教育行政主管部门或行业主管部门的行政命令实施办学，对办学理念、办学定位等顶层设计的核心内容缺乏系统研究，要么办学理念缺失，要么办学理念不明确，要么办学理念与同类本科高校雷同，要么对自身的办学理念定位不科学，办学理念缺失或不准确，面对新形势新科技，还固守老专业、老课程、老教材、老方案、老教法。

三是专业设置缺乏特色。林业职业院校大多数属于行业的中专学校或技工学校升格而来，使不少林业职业院校的教学管理中专化、专业设置向普通林业本科院校看齐，把林业职业教育办成了普通林业高等教育的"压缩型",直接影响了教学质量和职业教育特色的形成。加之,受林业行业技术水平的低层次性、行业工作的艰苦性、职工待遇的低标准等因素的影响,使大量优秀学生远离林业职业教育,客观上制约了多数林业职业院校的发展,迫使部分林业职业院校为生存而放弃林业特色,表现在专业设置上逐渐脱离林业的行业背景,教学投入上对涉林专业不能给予应有重视,甚至一些林业职业院校要求更名等等,非林化办学倾向严重。[2] 此外,林业职业院校使用的教材陈旧,这是影响人才培养质量的大问题,教材里的原理虽然没有问题,但是专业前沿技术奇缺,项目教学法应用不足。

三是内部治理结构不科学。从林业职业院校内部治理结构的现状来看,由于办学历史较短,很大一部分职业院校的内部治理结构和管理模式沿袭普通本科高校的模式,在内部权力配置、机构设立以及运行规则等方面与普通本科高校存在很多共性,未能形成与职业性和教育性双重办学特性相匹配的治理结构和机制,在一定程度上制约了学校的发展。

四是两级管理权责不明晰。内部治理受中专时期管理的影响,权力过于集中,管理重心无法实质下移,二级学院办学自主权不足,校院两级管理的组织建构和制度设计不完善,缺乏相应的配套政策,管理效率不高,校院发展随着领导个人的工作作风、工作方式的变化而变化。

五是行为主体运行不顺畅。党委、行政、学术组织的权力交叉,尤其是学术权力与行政权力的界限模糊,学术权力很少有机会介入学校的管理活动,许多学术性事务仍由职能部门决定,学术权力的自主性和民主性的特征未能得到体现。

六是多元共治机制不健全。"政产学研用"多元主体协同育人

---

[2] 倪筱琴:《林业高等职业院校发展动力机制的研究》南京林业大学博士学位论文,2009年6月。

是职业院校的办学特色，行业企业参与程度是衡量职业院校治理结构完善与否的最重要指标。当前主要问题是企业没动力，因为学校无法给企业提供有价值的东西，导致行业企业参与职业院校治理机制还不够健全，行业企业发挥咨询、协商、议事与监督作用还很有限。

向优质职院发展的解决对策

林业职业教育的"优质化"不仅承载着教育思想、办学理念的转型重任，而且更加关注学校发展行为转型与结果转向。如果说未来我国林业职业教育现代化发展的核心在于实现学校治理的现代化、办好每一所学校，那么，现代化的核心就在于把办学理念有效转化为办学行为。

"转化"，挑战的是观念，是行为。当下的学校治理是对传统落后观念和行为的改革和创新，要"摸着石头过河"。在这一轮学校治理能力提升中，许多林业职业院校主动参与治理，但有的学校治理昙花一现，有的学校变革渐行渐远，还有的学校治理反而增加主管部门的焦虑。

大多林业职业院校的共性问题是"最后一公里"困境，是教育教学的公共末梢、衔接和微循环问题。要通过治理能力建设，推进理念转化为实践，提升执行力的切入口；推进教育创新，提高学校服务能力，使学校追求品性、追求质量，赢得学生和家长。

困境消解是特色治理的关键。治理致力于组织内的变革，并通过变革建立学校应对内外部挑战的常态化能力，提高学校在区域中的办学影响力。特色治理旨在改变自上而下的管制，实现多主体参与学校发展，形成协同、创新的机制。特色治理遵循系统法则，不是碎片化的办学行为。治理不同于常规管理，常规管理的要素涵盖人、财、物和信息等，而特色治理的注意力主要在于人，把教师作为最重要的人力资源，把立德树人作为最根本的着眼点。特色治理要赢得教师的参与"行为"，形成服务的核心"产品"，突破学校的自评"瓶颈"。特色治理是突破"最后一公里"困境的过程，是提升优质发展能力的过程。从价值准则层面理解学校品质发展能力，具有丰富的实践内涵与空间。首先要坚持问题导向。一是在规划层面针对规划制定过程参与主体多元性、实施过程责任主体执行力等方面的改进空间，提高发展规划的品质，发挥规划在办学中的引领性功能；二是在办学要素层面针对内涵发展过程中存在的突出问题，激发全体教师参与课程改革的积极性，提升学校课程实施的品质。其次是重点关注学生分析结果的转化应用。学生品质是优质教育的最终落脚点，学校优质发展的关键是将学生品质分析结果落实到学校层面，转化成学校改进行为。优质发展，一方面以提高学生品质为指向，另一方面基于学生品质结果的实证分析，所以优质发展是为实现学生品质发展的行动过程，这个过程是实证分析的过程，同时是实证分析基础上的变革过程。最后则是形成自主发展机制。学校优质发展旨在形成自主发展机制，增强可持续发展能力。为此，在观念上需要从传统的学校管理走向现代学校治理，努力建立现代学校制度，调适学校发展的内外部关系，创新治理方式与工具，在扩大办学影响力的同时提高发展的效能。自主发展机制不仅仅是治理的载体，也是评价学校优质发展能力的重要途径。

林业职业院校通过学校治理向优质校发展，要遵循职业教育系统性、整体性和动态性内涵式发展原则，优化调整学校定位和专业布局，不忘林业职业教育特色，专注培养林业一线工作的技术人才，有效克服职业院校同质化的倾向，实现教育资源的科学配置和充分利用。要优化专业结构，构建具有竞争优势、特色鲜明、适应经济社会发展需求的涉林专业体系。专业及专业群建设是学校内涵建设的重点和突破口，要根据自身的办学历史、区位优势和资源条件等，凝练出优势的特色专业和重点专业，做好中长期发展战略规划。集中精力和财力发展好相关专业群，做强做大。

学校治理的目的在于严格管理，培养品德优良、知识丰富、创新卓越的高素质人才。要建立符合国家和行业相关标准的毕业生制度。严格课程考核标准和教学考核管理，加大过程考核成绩在课程总成绩中的比重，严把毕业出口关、严格控制毕业率，坚决淘汰不符合毕业标准的学生，切实把从严管理的规矩立起来、把课堂教学建设强起来、把课堂教学质量提起来，激发大学生坚持不懈、勤勉学习的紧迫感。

课程教学质量决定人才培养质量的高低，课程教学的内涵代表高等职业教育的核心内涵。林业职业院校治理要推进课程改革，完善课程结构、调整课程内容、创新教学方式等，促进林业职业教育可持续发展。推动高等职业教育内涵式发展，必须不断改革课程内容和教学方式，让学生学有所得、得有所思、思有所获，淘汰"水课"打造"金课"。一方面，取消与专业无关、与提升人文素质无关的课程，合理增加课程难度、拓展课程深度、提升学业挑战度；强化课程研发、教材编写、教学成果推广，及时将最新科研成果、企业先进技术等转化为教学内容；有序有效推进在线开放课程、名校网络课堂、名师课堂、虚拟仿真实验教学项目等信息化教育，制定在线课程教学质量评价标准和学分认定管理办法，加快优质教育资源向农村、边远、贫困、民族地区覆盖；推进与企事业单位共建共享优质教育资源平台，拓展学生课后学习资源，激发学生的学习动力和专业志趣。另一方面，创新教学形式，强化实践育人。改变简单地以知识传授为目的的课程教学范式，特别是要改变一讲到底、满堂灌注的教学方法，探索以学生为中心的启发式、合作式、参与式和研讨式学习方式，使学生能够深度参与、有效体验教学过程，培养自主学习和创新思考的能力；聘请林业企业家、林业专业技术人才和能工巧匠等担任兼职教师，瞄准现代林业发展的重大理论和现实问题，开展专题教学和课题研究，加强学习策略和方法的训练指导；在实验、实习、社会调研、毕业设计（论文）等方面建立完整的实践教学体系，结合专业特点和人才培养要求，积极推进和企事业单位共同制定人才培养标准，共同设计培养目标，共同制订培养方案，共同开展专业、课程和"双师型"教师队伍建设，共同开展实习实践基地建设。

林业业职业院校向优质校发展，要用习近平总书记提出的"有理想信念、有道德情操、有扎实知识、有仁爱之心"四有标准，加强教师队伍建设，全面加强教师师德师风建设，不断提升教师专业素质能力，深化教师考核评价机制改革。

探寻：
"五美教育"的典范及迈向现代化的治理成效

2014年颁布的《国务院关于加快发展现代职业教育的决定》，提出"建成一批世界一流的职业院校和骨干专业，形成具有国际竞争力的人才培养高地"，这是我国首次在政策层面提出建设世界一流职业院校的目标。湖北生态工程职业技术学院在学校治理能力建设的探索中，紧紧围绕国家职业教育的模式和标准，努力建设一流的林业职业院校。

科学确立办学使命

学校党委认为，一流林业职业院校要有一流的林业职教贡献。林业职业教育是与现代林业建设联系最为紧密、反应最为灵敏、贡献最为直接的教育，要紧跟林业技术前沿，与全国一流林业企业或行业领军企业紧密合作，共同制定专业标准，共同开发专业课程，产教融合校企"双元"育人，培养适应智能时代的高素质技术技能人才，为我国林业生态建设及生态文明建设提供人才支撑；一流林业职业院校要有一流的林业行业影响，加强与全国林业职业教育管理部门合作，承办一些在国内和国际林业有影响的职业教育活动，能够多发出一点湖北生态职院的"声音"，在"形象"展示中增进交流、共享经验，提升办学质量；一流林业职业院校要有一流的生态职教文化，林业职业院校是生态林业建设主力军的培养摇篮，要努力挖掘具有生态文明理念的，践行社会主义核心价值观要求的"工匠精神"，教育学生扣好人生第一粒扣子，引导他们投身"两个百年"的伟大实践，成为推动生态文化大发展大繁荣的重要依靠力量；建设一流的林业职业院校绝非一日之功，绝非林业职业院校一家之事，需要主管部门和社会各界特别是林业企业的积极支持参与，共同承担起林业职业教育的社会责任，形成休戚与共的命运共同体，需要学校不忘初心，牢记使命，坚持正确的办学方向，全面贯彻党的教育方针，始终把立德树人作为根本任务，在服务制造强国建设、加快发展现代服务业、"一带一路"国际合作、打赢脱贫攻坚战、乡村振兴战略和"双创"等重大战略中有所作为，为教育链、人才链、产业链、价值链贯通融合作出示范探索，为我国经济保持中高速增长、产业迈向中高端水平提供有力的人力资源支撑。

在不断发展和持续提升的学校治理中，湖北生态工程职业技术学院党委深化习近平关于高等教育特别是职业教育的系列讲话，结合世界和国内先进的林业职业教育经验，紧密联系国家和湖北林业建设实践，加强和改进思想政治工作，形成了"一二三四五"思想政治工作实施思路："一个中心"，全面贯彻落实习近平总书记的"把立德树人作为中心，把思政工作贯穿教育教学全过程"；实现"两个目标"，培养"四有"青年，让学生成为高素质技能人才，建设一支思想过硬的教师队伍；突出"三个层面"，领导干部、教职工、学生；完善"四个平台"，党建、课堂、课外、校园文化；做好"五项重点"，思政理论课、文化育人、自我管理、师德师风、队伍建设。凝聚出学校"三改革一提升"的改革创新战略，即：思想政治工作体系改革、教学教育体系改革、奖励性绩效工资分配改革、提升服务质量。固化为各级公认的"十二大"全面深化改革成果，即：固化学校办学理念、人才培养理念改革、教育教学体系改革、思政教育体系改革、绩效工资分配改革、招生就业改革、学生管理机制改革、社会服务体制改革、干部教师队伍改革、内部管理服务改革、后勤服务社会化、平安校园治理，使学校由"政校合一"向"府管校办"治理转变，使"有限主导—合作共治"的治学治教治校能力得到提升。

学校围绕"美丽事业"，建设出了山水风光美、城市环境美、居室艺术美、休闲生活美、科技现代美"五美专业群"，打造出了各美基础类课程、个美拓展类课程、共美融合类课程、大美卓越类课程、特美新兴类课程的"五美课程"，培育"美丽家乡建设人才"。学校通过"五美教育"的探索与实践，坚信新时代下的教育特别是林业职业教育现代化是助推中国梦的有生力量，他们把湖北林业职业教育现代化锁定于国家现代化的大目标，通过学校自我的体系治理和能力治理为现代化奠基，回归教育本质且不断改善。在技术层面上，学校注重学法、教法、教学组织形式，改善治理结构；在教育者的行为模式上，改善精神状态，调整师生关系；在教育范式上，改善顶层设计，建构新的教育方式，实现从关注教育行为的"实际发生"向关注学生"实际获得"的转化。

职业教育的基础是"理解教育"，关键是"教师队伍"，评价是"读懂学生"，保障是"优化供给"，成败在"持之以恒"。湖北生态工程职业技术学院在综合改革治理中高标准办学定位，就学校层面而言，他们认为在湖北开学校，办教育，尽责任，形成了两校一中心，成功地走出了集团化办学道路，有明确的学校整体使命、任务、目标。通过讲政治、传文化、学知识、强技能的使命，实现了"心修自然，强技养德"的校训要求；以"质量立校、特色兴校、改革活校、创新强校"办学思想为任务，出人才、出经验、出思想，实现了"培养美丽事业建设者，锻造美丽湖北主力军"的目标。就理念层面而言，扎扎实实地落实"坚持以生为本、以教学为中心，走林业行业特色发展之路，行开放开门办学之策，努力建设特色鲜明、优势突出的高水平的品牌职业院校"办学理念。宏观上生态文明、绿色发展；中观上各美其美、美美与共，形成了山水风光美、城市环境美、居室艺术美、休闲生活美、科技现代美的"五美"专业群；微观上实际获得、终身发展，彰显"生态素养、专业素养、健康素养、劳动素养"的人才培养理念改革成效。就全校师生的根本任务而言，通过一系列有效的改革治理措施，办学理念固化，引导教职工明确了"根本任务"的各个环节的内涵，树立了"三个特色"鲜明的"绿色生态强品牌"战略，创建出湖北十大职业教育品牌。他们对学校的"根本任务"领会至深。"根"，学校因林业而生，为林业而存，伴林业而兴，随林业而旺，师生们把初心理解为团结、进步、发展，沿着"培养美丽事业建设者"的方向前行；"本"，师生们围绕立德树人、教书育人、管理育人、服务育人传道、授业、解惑；"任"，以"培养美丽事业建设者，建设美丽湖北主力军"为己任；"务"，全校教职员工务根、务本、务事、务师、务实，充满正确的情感、态度、价值观，用到位的责任担当、过程管理、陪伴成长服务学生，使学生有足够的实际获得。

探索实施"五美教育"

适应林业职业院校改革治理之变，破解现代林业建设的人才短板，服务省域林业职业教育的对口院校，是所在地方跟上时代、胜任岗位、提升能力的最基本最重要的抓手和根本途径所在。在美丽中国建设的关键时期，林业建设主力军缺乏，能力建设等问题相对突出，在林业建设改革推进过程中骨干紧缺、建设人才紧缺问题日益凸显。必须大力开展林业职业教育，瞄准提高林业建设岗位履职核心能力和职业素养最关键、最急需的知识，改革教学和技能人才培养模式，整合教育教学资源，把学科专业体系下的知识经过解构，重构于技术培训、一线实践的过程之中，构建与就业的岗位知识能力素质要求相匹配的课程体系，满足学生提升能力需要，使林业职业教育真正成为助力林业建设、生态经济、乡村振兴等人民认可度高的教育。

湖北生态工程职业技术学院结合学校治理，着力"绿色生态强品牌"战略，探索实施山水风光美、城市环境美、居室艺术美、休闲生活美、科技现代美的"五美教育"。这种"美"，是要求林业职业教育的整体美。这个"美"，是学校的每一个个体、每一个方面、每一个层级、每一个专业，也是在不同的阶段、不同的地域、不同情况下的自然、自由呈现，是自信、自强的追求，是自觉和自发的完善。学校围绕各个专业教育教学定义"美"，是要把林业职业教育的美的标准立在师生的心中。林业自然是美，学生自由是美，学习自强是美，成人自立是美，建设自觉是美，自发自动是美。在这个概念中，表面看是各个教学专业的"美"，实质上也是每一个教师和学生的个体的美，这是自然的，是自由的，是简单直接的。学校在教育教学中，期望每一个学生通过学习林业职业技能变成各自的美，更重要的是希望各个个体的美融入到林业生态建设大群体和大集体之中，成就行业的共同之美。在学校治理能力建设中的"五美教育"，印证了费孝通老先生所提出的"各美其美，美人之美，美美与共，天下大同"的愿望。

学校治理下的"五美教育"是公平而有质量的林业职业教育，符合新时代职业教育精神。结合学校治理，成立湖北林业职业教育集团，在林业企业中推行"五美教育"思想，凝聚林业力量和实力型林业龙头企业的力量，做强做大公平而有质量的林业生态建设主力军。

——围绕"山水风光美"打造林业生态特色专业群。核心专业是林业技术专业。学校面向湖北林业，服务"绿满荆楚"，把林业技术、园艺技术专业建设为国家品牌专业。以林业技术、园艺技术为重点，加强师资队伍和实习实训基地建设，加强教学资源库建设，与林业企业共同开发校本教材，专业核心课程全部为学校"百强课程"，编制专业教学标准、课程标准、顶岗实习标准。形成以林业技术为核心，园艺技术、测绘地理信息技术、工程测量、环境监测与治理技术等共同组成的林业生态特色专业群，年招生稳定在800人左右。

——围绕"城市环境美"打造园林建筑特色专业群。核心专业是园林技术专业。在园林技术专业实施可以同时承担教学与社会服务任务的工作室运行机制；每个教师或工作室都对口相应企业进行深度合作；所有专业核心课程教师达到双师素质要求；建成园林设计实训场、园林施工实训场、园林栽培与管护实训场等实训场所，并与企业联合建立培训中心。与企业联合，建成以实习实训为主要目的的园林栽培与养护实训平台、园林植物病虫害防治实训平台、园林设计制图实训平台，实现"国内知名、省内领先、行业有地位"。

——围绕"居室艺术美"打造家居设计特色专业群。核心专业是家具设计与制造专业。学校面向家装产业结构升级和室内设计行业发展人才需求，调整专业结构，新增设两个专业；根据办学定位与发展优势，以建筑室内设计、家具设计与制造专业为重点，建设国家级教学资源库，两个省级实训基地；形成以建筑室内设计为龙头、家具设计与制造为主干、艺术与木工为两翼的艺设家具特色专业群。

——围绕"休闲生活美"打造森旅服务特色专业群。核心专业是森林生态旅游专业。学校着眼品牌树立，将森林生态旅游打造成为国家品牌专业，带动生态酒店管理专业，为生态旅游行业提供人才供给和智力支持。围绕特色创建，将物流管理、电子商务、市场营销三个专业进一步整合为具有涉林性质的特色商贸管理专业群，建设省内唯一的以林产品物流、农林产品电子商务和林业经济服务营销为特色的专业。紧跟市场发展，将传媒策划与管理专业办成教改力度最大、学生就业对口率最高、最具活力的新兴专业。

——围绕"科技现代美"打造林业信息技术专业群。核心专业木工设备应用技术专业和信息安全与管理专业。依托特色品牌专业木工设备应用技术建设的木工设备应用技术校企合作生产性实训基地是国家认定的生产性实训基地。新时代的林业职业教育，是林业职业教育和林业建设实践的重要组成和拓展，共同支撑新型林业建设人才培养体系，具有教育内容持续更新、教学模式不断优化、学习方式不断转变、教育评价主体多元等特征。为突出新型林业人才培养体系的综合优势，学校围绕"服务美丽事业"，打造出林业信息技术专业群。以机电一体化专业发展为中心，以省级特色专业木工设备应用技术专业发展为重点，稳定发展计算机专业。同时在非林专业中注入林业特色元素，提升这些专业服务于生态文明建设和美丽中国建设的能力，形成了区别于其他职业院校同类专业的鲜明特色。

学校治理下的"五美教育"，准确把握新时代林业职业教育的实践要求，在教育教学的实践要求上着力聚焦重点，在资源建设上强化岗位牵引，在制度机制上突出正向激励，在推进实施上把握积极稳健，抓住了美丽中国、生态文明和绿色发展给学校发展带来的机遇，强化了林业职业教育的行业特色和优势专业群，在办学的多个环节体现自己的生态个性。

治理内容与实践成效

湖北生态工程职业技术学院治理以实现"培养美丽事业建设者，锻造美丽湖北主力军"为目标，是为了让在校学生通过几年的专业职业教育，让学生成人又成才，把他们真正锻造成社会发展所急需的，职业岗位特质明显的，"心中有爱、眼中有人、肚中有货、手中有艺"的新人。

心中有爱，厚植爱国主义情怀，教育引导学生热爱和拥护中国共产党，立志听党话、跟党走，立志扎根人民、奉献国家；眼中有人，让学生树立起正确的人生价值观，扣好人生第一粒扣子，明白什么是"大写的人"；肚中有货，夯实专业基础，让学生求真学问、练真本领；手中有艺，崇尚工匠精神，有精湛的一技之长。今天的林业职业院校学生，就是明天走向社会成为林业生态建设的技术技能人才，更是美丽中国建设的生力军。

学校治理坚持以树人为核心、以立德为根本，培养林业建设急需人才，让学生学到真本领，用勤劳和智慧创造美好人生。为此，学校从2014年年底启动章程建设，将广泛征求意见和建议的章程报请省林业管理部门和省教育厅审批，按照章程和学校实际继、废、改、立，创新落实领导体制，相继完善了教师管理、教学管理、学生管理、科研管理、安全管理、财务与资产管理、后勤管理等一系列规章制度，建立了一套与办学层次和服务面向相适应的制度体系，使学校运行有法可依，有章可循。治理结构由党委全面领导、校长负责行政工作、教育与科技委员会协助教科研工作、职代会监督全校管理工作、职教集团理事会指导校企合作育人工作；健全决策机制，完善《党委会及其议事规则》《校长办公会及其议事规则》《教育与科技委员会章程》，明确了党委、行政和学术的议事范围、议事规则；厘清社会关系，明确了学校与政府、社会三者的权力界限，确定了社会组织参与学校建设与治理的可能范围与方式等。

学校改革两级管理，优化治理结构。所谓两级管理，主要指在实行党委领导下的校长负责制平台上，将人事、财务、教学管理等权力"让渡"给二级学院，促进校院两级组织之间责、权、利的协调一致，从而不断强化学校与教学单位之间的利益协调与利益整合的一种新型内部治理模式。这一模式主要以"分权与制衡"的理念为指导，实现管理重心下移，科学界定权力"让渡"的内涵，准确分解"管理重心下沉"的任务，进而明确校院两级管理模式运行中学校与二级学院的职、责、权、利，从而推进内部治理的科学化、民主化与规范化。按照分层分工、重心下移、以事分权、以权定责的原则，制订校院二级管理方案，并根据职责的需要将人权、物权、财权下放，将原先以职能部门为主体的管理模式转变为以二级学院为主体的管理模式，实现了各二级学院作为办学主体和责任主体的地位，促进二级学院由教学型向办学型的转变，调动教学单位的主动性、积极性和创造性。学校层面以宏观调控为主，重在建立指导、服务、考核和监督机制，如谋划宏观发展战略决策、制定规范方针政策、合理配置教育资源，对二级学院工作指导与协调。二级学院具体负责本学院日常管理工作，在专业结构的建设与优化、教学与科研管理、学生工作以及人事、资产与财务的管理等方面给予二级学院一定的独立自主权，确立其办学主体、质量主体和责任主体地位。

结合学校治理健全参与制度，理顺教育教学运行机制。通过内部的有效治理，科学行使政治权力、行政权力、学术权力、参与权力，谋求制度上的平衡。在党委运行机制上，学校建设、改革与发展等重大事项，由党委会决策，确保党委领导权，坚持每周召开一次党委会，除传达上级精神、研究事项外，还听取各个层面的工作汇报，通过党委会确保共识。赋予党委党要管党、党抓教学、党主育人、党育文化、党蓄队伍、党谋幸福等职能；在行政运行机制上，确保校长办公会行政议事决策权力，研究提出拟由党委会讨论决定的重要事项方案，具体部署落实党委决议的有关措施，研究处理教学、科研、行政管理工作。明确校长六项职责：法律上担责、教育上尽责、保障上知责、科研上明责、服务上强责、合作上负责；在教育与科技委员会运行机制上，制定章程，统筹行使学术事务审议、评定和咨询等职权，发挥其在学校中长期教育发展规划、专业建设、学术评价、教师梯队、教学改革、专业技术职称聘审、学风建设等方面职责。保障教科委行使教科审议、教科评审、教科咨询职责；在校企合作委员会运行机制上，发挥湖北省林业职教集团作用，探索校企合作创新人才培养、校企合作共建实习实训基地、校企合作兼职教师的聘用与管理、校企合作教育培训管理、校企合作科研开发，确保校企搭建平台、资源共享、互惠互利的职责充分发挥。

高等职业教育已进入内涵发展阶段，这种内涵发展与外延发展、特色发展、转型发展、创新发展、高水平发展等存在着继承与超越，规模为基、质量优先、特色至上、创新为要、全面系统是职业院校内涵发展的基本理念。基于内涵发展理念，职业院校需在专业建设、合作发展、治理变革等方面进行改革与创新。[3] 湖北生态工程职业技术学院深化内部改革，注入强劲动力，在治理中每年聚焦一个工作主题，通过主题抓重点、补短板、强弱项。2016 年为"管理与质量年"，2017 年为"改革与服务年"，2018 年为"创新与质量年"，2019 年为"特色与高质年"，成功地进行了提升治理能力的融合式改革探索。

固化学校办学理念。 办学理念是长期积淀而成的稳定的共同的追求、理想和信念，是学校自身存在和发展中形成的具有独特气质

---

[3] 周建松：《高职院校内涵发展的理念与策略》现代教育管理，2017（06）。

的精神形式和文化成果。2012年以来，学校结合生态文明建设、美丽中国的要求，形成了具有林业职业教育特色的办学理念，以此形成了一脉好文化。校训是："心修自然，强技养德"；办学思想是："质量立校、特色兴校、改革活校、创新强校"；办学理念是："坚持以生为本、以教学为中心，走林业行业特色发展之路，行开放开门办学之策，努力建设特色鲜明、优势突出的高水平的品牌职业院校"；专业建设理念是："重点建设体现林业行业特色和优势的专业群，围绕'山水风光美'打造林业生态特色专业群，围绕'城市环境美'打造园林园艺特色专业群，围绕'居室艺术美'打造家具设计特色专业群，围绕'休闲生活美'打造森林生态旅游特色专业群，围绕'科技现代美'打造林业信息技术专业群。

人才培养理念改革。学校将"生态素养、专业素养、健康素养、劳动素养"教育融入到立德树人的全过程。围绕人文、健康、专业三大素养落实课程改革，从生态素养、健康素养、专业素养把基础性课程做实、把拓展性课程做精、把综合性课程做活，这一思路通过党委会形成了共识。在生态素养上，学校开展独树一帜的大学生生态文明教育，以公共必修课的形式在全国率先实行了生态文明教育进课堂。课堂教学结束后，安排学生到学校的试验林场开展至少一周的生态文明实践教学。在专业素养上，以标准体系建设为抓手提高学生专业素养，围绕专业群人才培养目标，制定专业标准、人才培养方案、课程标准、顶岗实习标准，并开展职业岗位、工作过程及职业能力分析，以此为依据确定教学质量评价标准。提出这项要求之初，遭到很多职工的不理解，通过党委主导，边改边形成共识。现在看来，以教学标准为引领已是教育部文件的明确规定，提出这项要求比教育部的规定早了两年。在健康素养上，实施早操锻炼制度，每天早上6点半，全体同学在各班辅导员的带领下全员早操锻炼，学生的身体素质得到提高。改革了体育课教学内容。改革大学生体育课，将体育课改成健康素质教育课，在原先体育课中融入健康教育内容，如疾病预防、良好的生活习惯、营养问题等。此外，还要求学生熟练掌握两至三项运动技能。完善心理健康教育机制。建立了学生心理自助体系，为每位学生建立心理健康档案，有针对性进行培训和排查。全员参与劳动教育，创建多维度校园劳动文化，让学生在日常学习、生活和实践中时刻接受劳动教育。

教育教学体系改革。深化教育教学体系改革，形成包括基础体系、平台体系、评价体系、组织体系、保障体系等五个方面，三个层次的教育教学体系顶层设计。学校加强教师教学的能力训练，更新理念，重视专业课程的标准，要求每名专业教师要熟练三至五项专业核心技能。完善技能大赛管理制度，规范教学项目申报、教师梯队培养和学生学籍管理流程。加强技能竞赛机制建设，突出以技能训练为中心的教育教学，充分发挥技能名师的引领作用，推进湖北林业职教集团实质运行，强化教学诊断与改进工作，务实提升学校教育教学质量。近几年来，学生们参加国际、全国、全省和林业职业技能大赛，并在全国同行中崭露头角，成为第44届、第45届世界技能大赛的多个国家项目培训基地，培养出了世赛金牌选手，被人社部授予"世界技能大赛突出贡献单位"。在2018年全国职业院校技能大赛中取得总成绩湖北省第一，全国并列第五的好成绩。

思政教育体系改革。学校按照"三全育人"理念，系统推进学生思政、教师思政、课程思政、学科思政、环境思政改革创新。学生思政由学生工作处牵头，开展"辅导员＋班主任"双轨管理模式、大学生自我管理体系、社团组织、公益活动、开学典礼、毕业典礼等，通过多种不同的形式使学生受到教育；教师思政由人事处牵头实施，以提升教师的思想政治素质为抓手，要求每名教职工都有育人的职责，以制度化的形式首先把理论学习搞好，其次要树立正确的三观，把师德师风做到位；课程思政，由教务处牵头实施，要求除了思政教育课以外，每一门课里面融入立德树人的内容，比如将工匠精神、企业文化、师德师风纳入专业课教学过程中；学科思政由思政教育部牵头实施，成立马克思主义学院，建设《绿色中国》特色思政课，把党的理论体系和核心思想用生态语言、林业语境呈现出来；环境思政由党委宣传部牵头实施，学校领导班子以德为先，坚持立德树人宗旨，坚持社会主义办学方向，给全体教师创造良好的育人环境，引导教师树立和遵循"政治要强、情怀要深、思维要新、视野要广、自律要严、人格要正"的思政教育新要求。

绩效工资分配改革。人事分配制度是内部管理机制改革的中心，也是学校快速适应社会经济发展、科技发展的关键。学校对绩效工资分配改革实行总额切块、动态包干，进一步向重点岗位倾斜，向教学及学生管理一线倾斜，做到了绩效收入与岗位职责、工作业绩和贡献大小挂钩，做到与现行分配制度以及目标管理责任制有效衔接，发挥了分配制度的正向激励作用，在整体提高分配标准的同时，适当拉开了分配距离，进一步加大了向教学、管理第一线人员倾斜的力度，更加突出了教学工作的中心地位。奖励性绩效工资分为专项奖励性绩效工资和业绩奖励性绩效工资。为体现以教学为中心的要求，行政部门人员业绩奖励性绩效均值为教学单位人员人均值×90%。

招生就业方式改革。学校党委认为，招生和就业事关教育教学发展，学校和所有教师要"把学生当孩子，把学生当'上帝'（客户），把课程当产品"的意识，树立教育教学质量观。招生方面，把握党和国家高度重视生态文明和绿色发展的有利形势，主动争取承办由省绿委等四部门联合举办的"传播绿色文化，共建生态校园"的宣传教育活动，在全省中职学校和高中学生中开展生态文明征文比赛，开展以生态文明巡展和捐赠生态文明宣传器材、捐建生态文明景点为主要内容的"生态文明进校园"活动。面向全省林业行业开展定向委托培养工作，实施单独招生、五年一贯制、专本联合培养、精英班等多种培育方式。就业创业方面，结合乡村振兴战略，服务产业振兴、人才振兴、文化振兴、生态振兴、组织振兴，引导学生以多种方式实现稳定就业。秉持"创新创业、生态培育"理念，建设大学生创新创业孵化中心，吸引京东创新创业等一批项目入驻，引导学生有把握地稳健创业，学校获评"湖北省创新创业示范基地"。

学生管理机制改革。学校在学生管理上创新性地抓了两项工作："辅导员+班主任"双轨管理和学生自我管理。除每个班级配备专职辅导员外，增设一名班主任，实现学生管理全员化、全程化。建设大学生自我管理体系，与教学和思想政治教育工作结合，组建校团委、学生会——二级学院团委、学生会——团支部、班委会——科代表、小组长——学生个人管理渠道；与后勤管理相结合，构建校学生公寓管理委员会——楼栋管理委员会——楼栋长——层长——寝室长管理渠道；与学生社团组织相结合，建设校社团联合会——各个学生社团渠道，让每个学生都担任一项职务，让每个学生获得为同学服务、锻炼自己的机会，让学生最大限度地发挥自身潜能。

社会服务体制改革。学校先后组建"林木育种与人工林培育"等11个林业科技创新及社会服务团队，成立了"林业与生态文明研究所"，有力地促进了中青年人才的快速成长。主动承担湖北林业培训中心的职能，拓展办学空间，改善办学条件，优化办学结构，使学校作为行业办院校在林业干部职工教育培训中的主阵地作用进一步突出。

干部教师队伍改革。学校优化干部教师队伍结构，在干部队伍建设中优化校领导班子结构，加强学术领导力量；优化中层干部结构，配齐配强学校部门负责人和基层二级学院院长，确保梯队有序。在教师队伍建设中形成"系主任——教研室主任——骨干教师——

双师素质教师——一般教师"梯队,实行青年教师企业顶岗制度,让青年教师有机会在企业锻炼,与职称评审挂钩,引导青年教师在实践中成长。设立导师制给新进教师安排"师傅",进行最适合的传帮带。与此同时,驰而不息地抓师德师风建设,定期组织有仪式感的师德师风建设活动。加强作风建设,提升服务质量,有针对性提高领导班子、中层干部、行政人员、教师和教辅人员的服务意识和能力。

内部管理服务改革。注重"精细化、走动式"加强内部管理,以制度和工作流程式实施精细化管理,明确工作责任,简化办事程序,从制度上防止了推诿、拖拉和扯皮的现象。走动式管理,要求辅导员、保卫人员、后勤管理人员"走动式"深入课堂、宿舍,让管理"动"起来,及时发现追踪处理的问题。

后勤服务社会化改革。推进后勤社会化步伐,对物业管理整体外包,选择相关公司负责学校的物业管理。"物业管理外包"项目运行以来,学校优化了资源,减轻了负担,甩开了原来后勤工作中职工家属、朋友关系这个难以管理的包袱,轻装上阵,一心一意地抓好人才培养工作。

平安校园建设。党委实行平安校园建设工作例会制度,每两周召开一次综合治理工作例会,研判意识形态,对照各级安全稳定要求,专题研究校园安全稳定工作。对安全区实施责任包干制度,细划到责任部门、责任人,并定期或不定期地组织监督检查。实行24小时值班维稳制度,每天由校领导带领中层干部24小时维稳值班,保卫处人员、保安不间断走动式对校园进行巡查,辅导员入驻学生宿舍等。

教育是国计,也是民生。职业教育的今天,就是各行各业技术技能人才的明天。我们需要什么样的教育?是国家的发展大计,也是无数家长关注的焦点。湖北生态工程职业技术学院探索的特色治理，是推进林业职业教育现代化的务实之举，是"人民满意"的高质量林业职业教育。学校通过全方位的治理，对教育教学合理"增负"，淘汰"水课"，打造"金课"，合理提升学业挑战度；严格管理学生，强化技能培养，严把毕业出口关，得到学生和家长的普遍欢迎。据湖北省政府有关资料显示，在全省行业办职业院校中，学校由原来的排名摆尾进入前三；在全省56所职业院校中，招生人数也进入前十名之列，成为湖北十大职业教育品牌建设单位，国家技能人才培育突出贡献单位，数个项目成为世界技能大赛湖北省集训基地、中国集训基地，国赛取得湖北全省第一，使招生进口、就业出口两头顺畅。进口旺，表现在招生和在校生人数连续创新高，在校生人数与2011年比翻了一番有余，达到了职业办学以来的最优规模。出口畅，体现在毕业生就业率连续6年上升，从2013年的86.22%，到2014年93.6%，到2015年的94.47%，到2016年的95.65%，到2017年的96.22%，到2018年的97.02%，毕业学生依托学校创新创业孵化中心，成功创业的比例逐年提升，成为湖北省大学生创新创业示范基地。

一个迈向现代化强国的民族，需要什么样的教育来振兴？一支书写新时代美丽中国篇章的林业生态建设队伍，需要什么样的人才来担当？湖北生态工程职业技术学院用特色治理证明，提高林业职业教育的质量，老师"教好"、学生"学好"、学校"管好"同等重要，缺一不可。学校靠心修自然的德艺立身，让学生有能力、有实力担当家国天下的情怀与抱负、胸襟与视野。如今，越来越多的毕业学生不耽于"小天地"，告别"小格局""小情趣""小盘算"，主动回乡建设美丽乡村，积极创业带动更多农民乡亲共同富裕，用爱林、务林的忠诚和奉献，成为有大爱大德大情怀的人。

第一章
抓育人理念特色

不谋万世者，不足谋一时；不谋全局者，不足谋一域。站在新的历史起点上，林业职业院校应当如何牢固确立习近平生态文明思想在办校治学育人中的根本指导地位，围绕着力推进国土绿化、着力提高森林质量、着力开展森林城市建设、着力建设国家公园的森林生态安全"四个着力"，在时代大考中把准定位、科学布局、攻克难题、担当作为，是摆在新时代林业职业院校面前的重大课题。

办学理念是教育理念的下位概念，是基于办什么样的学校、培养什么样的人才和怎样办好学校的深层思考，也是长期积淀而成的稳定的共同的追求、理想和信念，是学校自身存在和发展中形成的具有独特气质的精神形式和文化成果。办学理念也是表达学校价值追求的结构清晰、逻辑连贯、层次分明的体系。2012年，湖北生态工程职业技术学院党委总结甲子办学历程，结合国家关于生态文明、美丽中国建设的要求，形成了具有林业职业教育特色的办学理念，实现了用一脉好文化统领改革与发展，为学生成长营造出了好气候，创造了好生态，在潜移默化中给学生以人生启迪、智慧光芒和精神力量。

学校校训：工具理性与价值理性融合

校训是学校提出的对师生具有规范、警策与导向作用的行动口号。正因为校训对师生言行具有很强的劝勉性、规约性，所以有学者将其称为学校哲学的"实践观"[4]，它往往是学校核心理念的具体、生动而形象的写照。校训以优美的语言文字和深刻的文化内涵，简洁形象地表达出学校的指导思想、教育目标、办学特色和精神风貌；它是一种无形的力量，对于培养和造就学子有着不可估量的重要作用。校训要求依托学校的性质，体现学校的意志，是学校着意建树的"应然之风"，甚至是带有某种"终极"意义的学校指针。校训是对学校抽象的核心理念的具体生动的写照，校训作为行动准则，作为师生行为的座右铭，必须经常呈现。《辞海》对"校训"的界定是要"悬见于校中公见之地"，以期产生"耳提面命"的效果。因此，校训有延展核心理念的内涵，将其具体化、形象化的使命。

学校党委将**"心修自然，强技养德"**作为校训固定下来。生态化是湖北生态工程职业技术学院形成校训的首要立足点，"心修自然"的出发点在于能够突显学校在林业、生态、园林、环境等方面的特色，它蕴涵着尊重自然、顺应自然和保护自然的深层生态意识和生态智慧，意味着在实践中融入运动不息的客观世界，回归与感悟自然，潜心修养，提升品格，提高人自身的精神境界并加以升华，使师生员工能在对自然的审美过程中陶冶情操，心灵上获得美的享受，走向和谐之境。

"强技"即强化技艺、增强技能。《说文》中说"技，巧也"，意思就是说技就是技术、技巧的意思，包括技巧、技能、技术、本领等含义。《庄子·养生主》："道也，近乎技矣。"意思是说有技艺，包括高超的技艺的获得和培养，都必须通过长期的、艰苦的

---

[4] 沈曙虹：《办学理念的内涵与结构新解》[J].江苏教育·教育管理，2013.（10）。

具体实践。"强技"是学生专业技能的实际表现,是国家培养技术技能人才的技术要求。"强技"旨在说明,办好林业职业教育应着重于扎实的技术和本领,把提高学生专业技术素质、社会实践能力作为实践性教学的重要任务,这是教育的直接目的和手段,这是林业高等职业技术教育的"立身之本",同时也是学生将来踏入社会之后扎根立足的资本。

国无德不兴,人无德不立。"养德"即提高自己的品德修养,养德不仅是一种十分有益的行为准则,更是全体师生可借鉴的优良传统,对学校而言,德为育人之本;对学生而言,德为成人之本,凸显出以德调心、以心养德的人文特色。"养德"就是要激发学生形成善良的道德意愿、道德情感,培育正确的道德判断和道德责任,提高道德实践能力,引导学生向往和追求讲道德、尊道德、守道德的生活,这也是区别于本科院校最大的特色。林业职业院校既要培养出具备市场需要的高素质劳动者和技术技能人才[5],又能让这些人才在市场经济的大潮中守得住、有传承、敢创新。

"强技养德"它既能够反映出湖北生态工程职业技术学院十分强调技能、重视思想道德修养的办学特色,也能够实现从自然领域向人文领域的跨越,达成生态与生命,也就是自然与人的和谐统一,反映了学校力求培养高素质技术技能人才,陶冶师生内心修为的办学理念,从技能和德行两个层面对师生提出了具体要求,映证了以人为本、追求生态的办学观,探寻着人与自然同生共运、浑然一体的至高境界。至此,不仅强化了林业职业教育的纯"工具意识"。也强化了教育的"价值意识"。

---

[5] 2014 年国务院关于加快发展职业教育的决定已经提出职业教育培养的是技术技能人才,但是无论是相关职能部门还是职业教育界对什么是技术技能人才,还缺乏定论。

办学理念：林草行业性与职教性结合

办学理念是一所高等职业院校发展的愿景，为院校的发展指明了方向，是直接影响职业院校发展的最重要的因素，也是分析任何一所高等职业院校发展不可或缺的核心要素。办学理念的成熟度体现在开放办学的思想、"全人"教育的价值取向及高水平的社会服务等方面。[6]

宋丛文2012年时任校长，为使办学定位更加精准，他一方面安排校领导带领中层干部走出去学习取经，开阔眼界，并亲自带队分四个组分别赴华北、西北、华东、华南等地的18所省外院校考察学习，另一方面是请进来传经送宝。一年内邀请湖北省人民政府、国家林业局、中国林科院、湖北省教育厅、湖北省财政厅、北京林业大学、华中农业大学等上级部门、科研机构和大专院校领导来校指导工作、交流经验、商谈合作。经过一年多的办学大讨论，宋丛文提出了学校的办学理念：**质量立校、特色兴校、改革活校、创新强校。坚持以生为本、以教学为中心，走林业行业特色发展之路，行开放开门办学之策，努力建设特色鲜明、优势突出的高水平职业院校。**

这一办学理念表达了四个方面的内涵。一是核心理念。"质量立校、特色兴校、改革活校、创新强校"这一核心理念是学校教育、教学与管理活动的最高指导思想与最根本的价值追求，是贯穿于所有办学理念、办学行为和环境建设的逻辑起点和质的规定，是学校文化的灵魂。二是学校使命。学校使命是学校哲学的"价值观"，主要指学校存在的独特理由和意义，即学校为社会的繁荣、教育的进步和人才的培养所应承担的角色和义务。办学理念体现出了育人使命（即回答要培养什么样的人）和办学使命（即回答要办什么样

---

(6) 廖策权：《高职院校办学理念建设探析》四川文理学院学报2018, 28(01) .143-147。

的学校）。三是办学定位。根据自身条件、环境要求、发展趋势等因素，合理地确定学校发展的基调、特色和策略的过程，是对学校本质特征的框架性勾勒，是在学校现实形态和未来趋势的结合点上对办学领域和宗旨所作的高度概括，是对学校的办学规模、办学层次、办学类型等做出的方向性选择。其含义是通过分析学校的主要职能，揭示本校区别于其他学校的本质差别，抓住学校最基本的特征，明确自身发展的目标、占据的空间、扮演的角色、竞争的位置。四是学校愿景。学校对未来理想和长远发展所描绘的纲领性蓝图，是着眼于长远战略的全局性工作的标杆，是对"我们代表什么""我们希望成为怎样的学校"的恒久性承诺。它与学校定位一起构成学校哲学的"属性观"，分别从现实和未来的角度表达本校不同于其他学校的根本特性。彼得·圣吉指出："共同愿景，特别是有内在深度的愿景，能够激发人们的热望和抱负。由此，工作就成为追求有更大价值的志向目标的过程，愿景能够振奋精神，焕发生气，扩张激情，从而能够提升组织，使之超越平庸。"[7] 湖北生态工程职业技术学院早在2013年就明确了特色品牌院校建设目标，这与教育部提出的"双高计划"不谋而合。[8] 2013年以后，湖北生态工程职业技术学院系统化的办学理念已经形成，围绕办什么样的学校，怎样办学校，培养什么样的人，怎样培养人，为谁培养人，确定什么样的面向，怎样面向一线培养人等问题，有清晰的目标导向，有较高的政治站位，有科学的合理定位。

---

[7] 彼得·圣吉：《第五项修炼》[M]．北京：中信出版社，2009:205。
[8] 2018年教育部工作要点提出，鼓励各类学校在各自领域安于定位、办出特色、办出水平、争创一流，启动中国特色高水平高职院校和专业建设计划。

育人理念：生态人格诉求与实践耦合

　　职业教育国家很重视，已经上升到现代职业教育的高度，明确了职业教育是一种类型，而不是层次。职业教育的发达程度，体现着一个国家的经济发展水平和教育现代水平。在一个职业分工结构合理的社会，不仅需要"学术型"的人才，更需要大量"技能型"人才。对于产业转型升级的中国而言，迫切需要培养大量的"技能型"人才，缓解生产建设的技工荒和招工难。但现实中的招生体制，先由重点院校"掐尖"，职业院校只能"掐尾"，处于高等教育的末端，成为高考落榜生的"无奈选择"。这种社会被动地位下的职业院校，注定在人才培养模式上难以突破过去传统的中专办学思路。

　　由于林业职业教育脱胎于中专教育，受本科教育和中专教育的影响较大。有些院校的"中专"痕迹还比较重，有些院校还有着本科"情节"，这些定位的偏差导致部分院校管理者管理水平相对较低，使有些院校要么"唱改革之歌"走"往日之路"，要么是对本科院校管理"照抄照搬"[9]。林业职业院校设立的专业、所用专业课程的教学大纲大多是套用本科教育相关专业的教学大纲，教材几乎都是借用本科专业的教材或是中专的教材，教材里的原理虽然没有问题，但是前沿技术没有。再加上专业师资队伍建设滞后，直接影响了人才培养的特色形成和质量的提高。

　　在我国高等职业教育进入新时代的大背景下，林业职业院校不同程度地存在注重规模扩张，忽视人才培养质量，盲目追求"培养层次"的提高和专业设置"多而全"现象。虽然对人才培养目标已

---

[9] 孙云志：《"有限主导-合作共治"：高职院校治理模式的新路》教育发展研究 2014．13-14。

经基本形成共识，是培养生产、管理、服务一线的技术技能人才，但是林业职业院校专业人才培养方案学科化教育的烙印明显，其课程体系类似于本科教育，实践性课程少，教学内容缺少职业岗位的针对性，使职业教育必须强调的实践性教学环节成为学科化课程体系的从属，导致教学内容与职业岗位的知识、技能要求相脱节，直接影响学生职业能力的培养。陶行知先生认为："职业学校之课程，应以一事之始终为一课。例如种豆，则种豆始终一切应行之手续为一课。"职业教育有别于其他普通教育，现代职业教育的一个重要目标，就是要提升人才培养质量，从而提升职业技能和素养。

湖北生态工程职业技术学院作为一所依托林草行业的职业院校，学校以理念创新为先导，在职业教育进入新时代之初，就开始对办学理念进行了深层次的理性思考。在审视自身历史使命、价值功能，与其他职业院校比较后，得出了学校应在服务行业方面做出更多贡献的认识和结论，把培养什么人、如何培养人作为学校发展的一个重大问题进行深入研究。基于此，党委书记宋丛文在全体教职工会上提出：**以生为本、以教学为中心，将"生态素养、专业素养、健康素养和劳动素养"教育融入到立德树人的全过程**。围绕人文、健康、专业、劳动四大素养落实课程改革，从生态素养、健康素养、专业素养、劳动素养把基础类课程做实、把拓展类课程做精、把综合类课程做活，这一思路通过广泛征求职工的意见形成了共识。有了共识，之后的实践则是力图将工具理性与价值理性的取向有机融合在人才培养的内容和实践体系之中。至于培养出什么样的人才，宋丛文也提出了明确的要求，即培养**"自信乐观、善于学习、技能扎实、敢于担当"**的技术技能人才。经过自下而上与自上而下相结合，广泛地研讨，深入地论证，其后学校发展实践证明，这一办学理念成了湖北生态工程职业技术学院生存理由、生存动力和生存期望。

生态素养

蓬勃发展的职业教育，为社会培养了一大批生产建设、管理服务的一线高技能人才，推动了社会经济的发展，与此同时，职业教育业进入前所未有的发展阶段。尽管如此，几乎所有的职业院校在人才的培养方面忽视了对学生人文素质的培养，把目标定位放在了对职业技能人才的培养，这不符合未来社会对人才的要求。因为未来社会发展需要的不仅是有一技之长的社会主义建设者，更需要有思想、有道德、有文化、守纪律、有创新意识的综合性人才。人文主义教育是职业教育之魂，技术技能训练是职业教育之体。[10] 林业职业教育要上新台阶，要继续发展，就必须加强学生的生态素养，这已经成为未来教育发展的必然趋势。生态素养内容丰富，它包括人文知识、人文思想、人文方法、人文精神四个方面的内容，其核心是指对人类生存意义和价值的关怀。人文素质教育，实际上就是完善人性的教育，是人类在吸收、传播优秀的文化成果和人文科学的基础上，使其内化为人的修养和内在品格的教育，林业职业院校人文素质教育就是人性善和美的教育，正如《大学》中指出的：大学之道，在明明德，在亲民，在止于至善。具体是指通过对文、史、哲、艺术等人文及社会科学方面知识的传授与吸收而内化的教育，全面提高学生的文化素养和科学素质，使学生在日常行为和人际交往方面能够正确地处理好与他人、与社会、与自然的关系。

开展生态文明教育

当今中国，物阜民丰，但对环境问题的集体焦虑降低了公众幸福感，建设生态文明是应天道、合国情、顺民心的世纪伟业，生态

---

[10] 白玲 张桂春：《人文主义教育：我国职业教育之魂的丢失与重拾——基于联合国教科文组织对人文主义教育的重申》职教论坛，2017年10期。

文明教育不能缺位。作为专门从事林业职业教育的院校，要自觉担负起第一位的责任，使在校学生和社会大众接受常规化、模式化、系统化的生态文明教育。湖北生态工程职业技术学院开展了独树一帜的大学生生态文明教育，将生态文明理念纳入办学理念、纳入专业建设目标、纳入人才培养方案。以公共必修课的形式在全国率先实行了生态文明教育进课堂。课堂教学结束后，安排学生到学校的生态文明教育基地开展至少一周的生态文明实践教学，在学生中广泛深入地开展生态文明教育，开发课程资源，实施生态文明通识教育，成立推进生态文明教育工作领导小组。领导小组发挥统筹协调作用，从学校层面推进生态文明教育的实施工作。建立相应的工作目标、工作计划、工作流程和考核制度。要求各教学单位要把开展生态文明教育作为衡量人文素质教育工作成效的重要内容；出台《关于开展生态文明教育工作的实施意见》，要求各专业在制订人才培养方案时，把生态文明教育纳入人才培养方案，将生态文明教育纳入公共必修课范畴，组织教师编写出版《生态文明简明教程》，并制定课程目标及标准。培养学生的生态素养，**使每位学生打上"生态"的烙印**[11]。

　　创新实践途径，突出生态文明实践育人。做到了第一课堂与第二课堂有机结合，生态文明主题教育与校园环境育人相辅相成，不断丰富生态文明教育内涵。一是入校时即开始教育。从学生大一开始就对其进行生态文明教育。二是组建教学机构和师资队伍。安排相关部门具体组织协调，安排专职教师上课、开展讲座等教学活动，逐步完善师资队伍。建立生态文明教育师资的选拔制度，同时加大师资培训力度。三是在实训基地开展实践教学。学校建设了大冶、崇阳试验林场这一独特的生态文明教育资源，以此为依托成功创建

---

(11) 宋丛文对学校开展生态文明通识教育提出了要求：生态文明通识教育是学校人文素质教育的重要组成部分，致力于建构与生态文明建设相适应的生态人格，为每一位生态学子打上鲜明的生态烙印。

了省级生态文明教育基地。该基地是在各专业实训需求进行规划整合的基础上。打造的集教科研于一体的实习实训基地，实习实训范围覆盖所有专业群，可同时满足300名学生实习实训，这样有效解决了校园内部生态文明教育基础设施不足的问题。对于该基地，宋丛文寄予了厚望：大冶生态文明基地不仅要打造素质提升基地，而且要打造技能训练基地，还要成为技术研发基地。

需要指出的是，与林业生态建设相结合，将生态文明建设相关知识结合在校学生学习特点和学习任务，编撰专门教材，作为一门公共必修课程来开设，并且在开展生态文明教育进课堂的基础上，将所有的学生安排到实习实训基地进行为期不等的实践环节的教育，这在国内高校中属独树一帜。学校在全国率先编写的生态文明教育教材，既满足了学生生态文明教育的需求，又兼顾了社会各个层面的生态文明教育需要，成为大众生态文明教育的指定教材。对公务员特别是各级干部而言，教育重在引导他们树立正确的政绩观，时刻挂怀人民群众生产生活环境的安全和健康，把保护一方山水之美、万代生存之资作为应尽之责；对企业经营者特别是林业企业而言，教育要求他们处理好经济发展与环境保护的矛盾，树立正确的财富观念，履行生态环保义务，用绿色发展促进生态文明建设；对社会民众而言，教育引导他们增强环保意识、参与义务植树、倡导绿色生活。

营造生态园林式校园

打造生态校园，营造生态文明教育的文化氛围。良好的生态校园文化是"人—教育—环境"的有机统一，学校在实现其基本教育功能的基础上，把绿色软环境营造作为重要内容。一是在管理理念中渗透"绿色"。通过制定科学的管理制度，开展环境教育活动，创设环境保护氛围，提高师生环境素养，增强环境意识，二是在师生行为上体现"绿色",自觉参与环保行动。党委书记宋丛文常说,**"绿色校园"既是一种环境,还是一种文化,**在他的推动下,学校制定了《教师行为六禁止》《学生行为六不准》等制度,发挥制度的约束力。三是在校园环境中营造"绿色"。为了营造一个真正的绿色校园,依托校内花山、青龙山余脉山系的地理特点,秉承"自然与生态"规划理念,打造出"显山透绿景观、绿地植物景观、人行步道景观和人文景观与园林小品"等系列生态景观系统,花坛里花木掩映,花草坛中绿草如茵,为学子们提供优雅静谧的学习环境。四是在教学活动上深化"绿色"。第二课堂活动体系从环境保护意识培养、文明行为培养、参与环保公益活动和环保研究性学习活动切入,主要包括以下几个方面:举办主题演讲比赛,引导大学生重视自身生态道德的培养;开展"生态之星"评选活动,增强学生对生态道德的认同感和自信心;举办生态文明系列讲座、论坛;发挥学生社团的影响力,组建生态环保协会,开展青年志愿者活动。

传承中华传统文化

中华传统文化作为中华民族的命脉源远流长。中华传统文化并不是看不见、摸不着、学不到的,在学校到处都可见优秀传统文化的影响,比如:成人礼、"和兮"婚典、问津生态皮影剧团、武术社、非物质文化艺术馆、花艺、茶艺、书法……其中,生态成人礼已经举行了5届,每一届都有着亮点,通过生态百名学子集体成人礼,旨在通过传统仪典传播中华优秀传统文化,唤起莘莘学子强烈的民族自豪感,并肩负起成人的社会责任,完成由"孺子"向"成人"的角色转变。

小结:生态素养教育在实践中形成了显著特色,在理念上,将生态文明教育作为"四素养工程"(专业素养、人文素养、健康素养和劳动素养）的支柱之一，并将其融入进办学理念、专业建设和人才培养方案的全过程。在实施上，开设了生态文明教育公共必修课；开展了生态文明教育公共必修实践课；将生态文明教育纳入了学生党员发展过程；主动以"生态文明进校园"和林业行业干部职工培训为载体，积极发挥了社会服务功能，形成了教育教学—科学研究—实训实践—社会服务"四位一体"的生态文明教育体系，为人格教育生态化提供了实践经验和观点支持，体现出了一所林业职业院校在生态文明建设进程中的担当情怀。

1. 范式。生态文明建设要求塑造具有生态文明意识、生态审美情趣、生态文明行为习惯的新型人格范式，即生态人格。生态人格作为一种与生态文明建设相匹配的新的人格范式，在生态文明建设时代，生态文明教育是实现大学生从单向度人格向生态人格范式转移的重要载体。

2. 进程。在现代社会，家庭权威呈下降趋势，学校教育和社会教育的影响力越来越大，而学校教育的作用更大，通过开展生态文明教育塑造人格的进程是从生态意识到生态理性到生态人格再到生态实践。

3. 路径。新的人格不会自然而然地形成，它要在生态文明体制的建立中，在与传统人格的碰撞、磨擦中逐渐形成，一种新型人格的塑造或既有人格形态的转型不是一蹴而就的，生态人格必须通过教育的内化、文化的熏陶、实践的锤炼等路径才能得以逐渐养成与实现。

4. 思路。构建林业职业院校生态文明教育体系的总体思路是"三育人"，即理论育人、环境育人和实践育人，针对"三育人"要重点开展三项工作，即开设公共必修课加强生态文明教育、建设生态园林式校园渗透生态文明教育、丰富实习实践内容倡导生态文明教育。

5. 模式。应积极探索生态文明教育教学模式，根据已有的经验可采用"小大小"模式，即小班授课、大班实践、小组研讨。

6. 体系。林业职业院校生态文明教育体系应是教育教学—科学研究—实训实践—社会服务"四位一体"的运行机制。

这些观点的意义具体体现在以下几个方面：学生层面，可提高对生态环境的整体认识水平，了解生态问题产生过程及其解决方法；认识合理开发自然资源、与自然和谐相处的重要性，促使大学生生态人格的形成。学校层面，有利于明确学校生态文明教育的格局、生态文明教育的内容、生态文明教育制度等，使生态文明教育能够尽快融入现代教育体系中。政府层面，可推动建立健全我国生态文明教育实施体系，加强顶层设计和科学规划，把生态文明教育融入人才培养全过程。再其次，可推动形成多措并举的生态文明教育协同推进体系。研究层面，可在一定程度上拓展高等教育理论的内涵。

专业素养

治理现代化，是社会现代化的重要组成部分，与标准化密切相关[12]。湖北生态工程职业技术学院党委书记宋丛文对此有清醒的认识：**标准化为学校治理的合理化提供依据，从而关系到学校治理的效益**。现在，世赛标准已经成为热门词汇，打造世赛标准的实训场地设施，培养达到世赛标准的教练团队和选手，正成为众多院校追求的目标。世界技能大赛竞赛规则与技术标准，来源于世界最先进的企业、行业，伴随着产业发展不断调整完善，与"互联网+"等新理念、新技术紧密相连，代表了各领域职业技能发展的最高水平。世界技能大赛的宗旨从来不是举办一个脱离行业现实的高精尖比赛，而是吸引和培养更多年轻人成为行业、社会

---

(12) 俞可平：《标准化是治理现代化的基石》人民论坛，2015.11 上。

发展需要的优秀技能人才。因此，世界技能大赛的评分标准都是以行业标准为基准。可以说，我国参加世界技能大赛的目的也符合世赛宗旨，就是利用参加世界技能大赛的机会，掌握世界先进的技术、理念和训练方法，提升我国技能人才水平，使我国从制造大国向制造强国迈进。湖北生态工程职业技术学院狠抓日常教学中的技能训练这个关键环节，将为赛而训转为日常课堂训练，实现了技能大赛专业全覆盖、学生全参与；学校通过"技能大赛"的方式培养学生的职业技能，以各类技能大赛为抓手，提高人才培养质量，基本做到了与世界技能大赛的对接，与全国技能大赛的对接，与行业企业的需求对接。湖北生态工程职业技术学院以标准体系建设为抓手，提高学生专业素养，围绕专业群人才培养目标，制定专业标准、人才培养方案、课程标准、顶岗实习标准，并开展职业岗位、工作过程及职业能力分析，以此为依据确定教学质量评价标准。提出这项要求之初，遭到很多职工的不理解，通过党委主导，边改边形成共识。现在看来，以教学标准为引领已是教育部文件的明确规定，提出这项要求比教育部的规定早了两年。

健康素养

　　健康是人民幸福、国家富强和社会发展的重要基础，是全国人民对美好生活的向往和追求，十九大报告强调要进一步实施健康中国战略，健康被提升到了前所未有的高度。大学生的健康素养水平对"健康中国"战略的顺利实施以及"中国梦"的实现具有重要作用。

　　1974 年 Simonds 在国际健康教育大会上首次提出了"健康素养"这一概念。随着社会的发展，健康素养的概念及内涵不断地丰富和发展，成为近年来一个新的研究领域，是健康教育与健康促进的重要组成。国际上广泛认同健康教育与健康促进是改善人群健康素养水平的主要手段之一，并将健康素养的改善情况作为反映健康教育与健康促进行动效果的一个主要指标。[13]

美国国家健康教育标准指出，观念（知识）和技能都是健康素养的基本内容，知识包括获得健康思想、论点和概念；技能包括解释、沟通时采用的各种方式。中国公民健康66条主要从三个方面对健康素养进行描述，其中基本知识和理念25条、健康生活方式与行为34条、基本技能7条。健康基本知识不但包括对自身血压、血脂等正常指数值的认知，还包括疾病预防、就诊、急救知识等方面；健康生活方式是指有益于健康的习惯化的行为方式，表现为生活有规律，没有不良嗜好，讲究个人卫生、环境卫生、饮食卫生，讲科学、不迷信，平时注意保健，生病及时就医，参加积极的有益健康的文体活动和社会活动等等；健康基本技能主要包括：拨打急救电话，能够看懂食品、药品、保健品标签和说明书的能力，会测量腋下体温、脉搏，能够识别一些常见的危险标识，如高压、易燃、易爆、剧毒、放射性、生物安全等，以及如何抢救触电者、发生火灾时会隔离烟雾、用湿毛巾捂住口鼻、低姿逃生等。

实施早操锻炼制度。每天早上六点半，全体同学在辅导员的带领下早操锻炼。湖北生态工程职业技术学院在早操管理制度上，要求大学生必须参加，出勤率直接与各二级学院目标考核挂钩，通过早操锻炼，学生的身体素质、课堂纪律等方面明显提高，促进了学风建设，加强了学生的自律能力和自我认知水平。

改革体育课教学。喜欢运动，但对学校的体育课却不感兴趣甚至畏惧，这是大学生常有的心理。针对以往体育课教学存在着内容比较枯燥，竞技体育的色彩太浓厚，过度追求传授给学生过多的运动技能，而忽视了学生的兴趣和特长等弊端，宋丛文反复提一个观

---

[13] 王霞：《职业院校学生健康素养现况及干预模式研究》山东大学2014年硕士学位论文。

点，**体育课要培养学生健康素养**，以"健康第一"为指导思想，重视课程的育人功能，强调以学生发展为中心，建立较完整的课程目标体系和发展性评价体系，注重教学内容的可选择性和教学方法的多样性，体育课教学要因人而异。在他的推动下，学校对大学生体育课进行了全面改革，将体育课程改成健康素质教育课，要求体育教师在教学中首先要强调健康第一的思想，在原先体育课程的基础上融入健康教育有关内容，如疾病与预防、良好的生活习惯、营养问题等。此外，健康素质课要求**教师要结合学生自身情况，发展学生的运动兴趣，使他们熟练掌握两至三项运动技能**，让这门课"苦中有乐，乐在其中"。

"三专合一"的心理健康教育机制。职业教育的快速发展给学生管理工作提出了更高要求，心理健康教育是职业院校学生管理中的关键内容。[14]同其他职业院校一样，林业职业院校的学生常见的心理问题主要集中在学业方面、就业方面以及人际交往方面。针对一些学生由于学习成绩差距、经济条件差异、人际交往不适应、情感问题等诸多因素导致的各种心理问题，湖北生态工程职业技术学院建成了"三专合一"心理健康教育的机制。

强化心理咨询业务的专业性。建立了宿舍、班级、院系、学校心理危机四级预警系统，将预防、预警、干预相结合，加强学生心理危机预防与干预体系建设。推进了心理健康教育教学体系建设，实施了心理健康教育学分化和必修必选课设置自助体系。学生心理健康自助体系由校社联的大学生心理健康协会、各二级学院的学生心理沙龙以及班级学生心理成长小组三级机构组成，为每位学生建立心理健康档案，有针对性地对学生进行培训，定期为辅导员进行培训，排查危机学生。

---

(14) 赖利平：《探索高职高专学生心理健康教育工作研究》教育教学论坛.2018年11月，第46期。

突出心理指导人员的专职性。成立了大学生心理咨询中心，按照1：3000的比例配备心理健康教育专职教师。

加强心理指导机构的专门性。根据心理健康教育实际情况，制定了每年的心理健康教育计划和工作规划，具体组织实施和督导，设置了学生心理健康教育工作专项经费，加强了心理咨询室的制度、场地、训练设备等硬件和软件建设。

劳动素养

习近平总书记在多个场合多次提及劳动和劳动者，强调劳动的价值，歌颂劳动者的光荣与伟大。在全国职业教育工作会议上，习近平指出，"弘扬劳动光荣、技能宝贵、创造伟大的时代风尚，营造人人皆可成才、人人尽展其才的良好环境""幸福是奋斗出来的""实干才能梦想成真"，这些话语都是对劳动意义、奋斗价值的精辟论述。劳动是青年学生习得本领、开创未来、实现梦想、铸就辉煌的光荣路径，培养高素质劳动者和技术技能人才，加强劳动教育，是林业职业教育的应有之义。湖北生态工程职业技术学院调动教学、科研、管理、工勤等不同岗位的教职工，全员参与劳动教育，设置劳动教育教研室，创建多维度校园劳动文化，让学生在日常学习、生活和实践中，时时接受劳动教育。组织学生参加文明校园、绿色校园建设；参与食堂、宿舍管理，倡导学生自我管理；深入农村、社区，开展社会调查与志愿服务；带领学生走出校园，走向社会，开展研学旅行活动。加强了对各类活动的组织与引导，丰富活动内涵，增强劳动教育体验，寓教育于劳动实践中。要求教师精致教案课件、规范课堂板书、整洁着装、端庄行为，通过一言一行、一举一动向学生示范和传递职业精神。

古人有"技以载道"之说。为什么要求技术必须"载道"呢？

这就是在告诫匠人们，要想做好一件器物，必须将自己的思想糅入技术之中。反观目前我国职业教育中因人文主义教育丢失导致的"单向度的人"[15]、技术异化将人"遮蔽"等现象，发现职业教育急需借助人文主义教育达到"返魅"、发展"生命技术"、创造"整全的自我"[16]。传统的林业职业教育模式是推崇"技能本位"，即将学科体系消解，相应的专业知识被融入操作性的技能训练中。但带来的问题就是融于操作技能的专业知识零乱而不成系统，这种支离破碎的知识容易遗忘并难以迁移，只能在具体的工作任务和情境中就事论事地发挥作用，学生的生态素养、公民品质、职业道德、学习能力和团队合作精神等"软技能"的培养和熏陶有所弱化。在产业结构调整、推进高质量发展进程中，对技术人员的创新能力、职业态度和综合素质的要求提高了，技术人员在具备本岗位的专业知识外，还应具备与此产品有关的其他知识，如产品的技术服务、营销技能及心理学和社会学知识，还要有团队合作和诚信服务的精神及品质。湖北生态工程职业技术学院的育人理念推动着教师在教学内容上，由将"知识、能力、素质"融为一体的转变，实现了硬技术与软技能的有机融合，专业技能教育、生态素养教育、健康素养教育、劳动素养教育满足了时代对于高素质劳动者和技术技能人才的需求。

---

[15] 赫伯特·马尔库塞：《单向度的人：发达工业社会意识形态研究》上海世纪出版集团，2008年4月第1版。在该书中作者指出现代工业社会是人性异化之源。
[16] 白玲 张桂春：《人文主义教育：我国职业教育之魂的丢失与重拾——基于联合国教科文组织对人文主义教育的重申》职教论坛，2017年10期。

第二章

抓五美教育特色

  林业职业院校规模快速扩张后，出现了带有必然性、规律性的问题，具体到专业建设方面，问题主要是"一淡化，两脱节"，即林业行业特质淡化；专业设置与行业发展所需人才结构和规模脱节；人才培养规格与行业转型升级及技术进步要求脱节。其深层次原因是"两欠缺，一不力"，即专业结构优化调整依据与方法欠缺；专业群组建及内涵发展的策略欠缺；院校综合改革不到位，综合保障对策不力。随着我国社会主要矛盾的转化，人们期待享有越来越好的高等教育。湖北生态工程职业技术学院遵循职业教育规律，发挥育人功能，优化调整办学定位和专业布局，建设一流职业学院和一流特色专业，不单纯追求升格"升本"，专注培养在第一线工作的技术技能人才，从而有效克服院校同质化倾向，实现教育资源的科学配置和充分利用。

  林业职业教育的根本特色在于"高"和"职"，专业是学校的品牌和灵魂，专业设置是学校办学特色所在，而特色专业是对接产业的落脚点，也是深化"产教融合、校企合作"的桥梁。但实际上，林业职业院校还不同程度上存在专业设置雷同，较少考虑职业特色和行业特点；办学模式和专业建设上缺乏"职业"特色，难以形成吸引力；实践教学体系不完善，教学方法、内容、课程设置等照搬本科院校的思路与方法，"应用型"特点没有充分体现。[17]作为华中地区唯一的林业生态类高职，湖北生态工程职业技术学院紧抓生态文明建设的大好机遇，把学校治理与习近平总书记关于森林生态安全"四个着力"（着力推进国土绿化、着力提高森林质量、着力开展森林城市建设、着力建设国家公园）的指示，把湖北省持续推进国土绿化的要求相结合，将市场化的短期效果和专业建设的长远目标结合起来，从碎片化的专业建设转变为专业集群建设，把专业群建在产业链上，形成与产业同步发展的专业群体系。

五美专业群

以学校治理推进职业教育内涵式发展，提高人才培养水平和教育教学质量，主要依靠教师素质的提高、教学内容和手段的优化、教育管理体制机制的创新转变。而实现这些转变，必须在专业建构和结构上进行优化，在培养质量上严格要求，在课程改革和教学上创新，这样的内涵建设水准才是高水平职业院校的基础。高水平院校不仅要有一个与产业背景和区域经济社会需要相适应的专业结构，更要有若干个产业有基础、市场有需求、社会能认可、招生受欢迎、毕业受青睐、学生好发展的品牌专业，这才是学校可持续发展和实施高水平建设的基础。正因为如此，高水平建设实际是高水平院校和高水平专业建设的结合，这也是"双高计划"建设的要求[18]。从某种程度上讲，业界更看重的是高水平专业建设。专业是由一组课程组成的，围绕一个培养目标组成的课程群就是一个专业，而专业群则是由一个或多个办学实力强、就业率高的重点建设专业

---

[17] 吴加恩：《改革开放四十年我国高等职业教育发展的观照与审视》大庆社会科学，2018年12月，总第211期第6期

[18] 国务院《关于印发国家职业教育改革实施方案的通知》（国发〔2019〕4号）要求，启动实施中国特色高水平高等职业学校和专业建设计划，建设一批引领改革、支撑发展、中国特色、世界水平的高等职业学校和骨干专业（群）。在"双一流"已成国内普通高校标杆的背景下，高职院校也将迎来自己的"双高计划"。2019年4月1日，教育部、财政部发布《关于实施中国特色高水平高职学校和专业建设计划的意见》（简称"双高计划"）。

作为核心专业，若干个对象相同、技术领域相近或专业学科基础相似的专业组成的一个集合。"专业群建设是职业教育与社会连接，适应经济发展的起点，也是特色院校建设的落脚点"，宋丛文提出了"**以木为特色，以林为优势**"的特色发展思路。更多专业主要围绕林业全产业链的特色展开。宋丛文反复提他的"**专业特色论**"，并且身体力行对部分传统专业进行了改造，比如要求建筑工程技术专业主打园林古建筑营造方向，机电一体化技术专业主打林业机械生产、制造、维修方向，物流管理专业主打木材进出口等林业相关方向等，做到了专业与产业和职业岗位对接，专业课程内容与职业标准对接，教学过程与生产过程对接，为林业行业培养了大批高素质劳动者和技术技能人才。谈及当前职业院校农林类专业整体萎缩，大都转向设置"热门"专业的背景下，学校还坚持林业特色不放松的原因，宋丛文感慨地说，**热门专业有很多学校在办，但林业才是立校之本，特色才是兴校的途径。让山更青，水更绿，替江山装点锦绣，培养新时代美丽事业的建设者才应该是林草行业性高职的职责所在。**

单个专业建设向专业群建设的转变，是职业教育回应产业需求的必然之举。2012年以来，学校立足服务面向，对接产业结构，理清群内专业关系，逐步形成了"五美专业群"，形成了以专业群为基本单位的林业职业院校专业治理结构。

这五个专业群基本涵盖了学校开设的所有专业，共同体现了六个方面的主要特征：有共同的行业基础或行业背景，有共同的课程内容，有共同的实验实训设施基础，有共同的师资队伍，有共同的社会联系背景，有核心专业。

湖北生态工程职业技术学院五美专业群建设内涵

专业群	建设内涵	核心专业
林业生态专业群	服务"山水风光美"	林业技术、环境监测与治理技术
园林建筑专业群	服务"城市环境美"	园林技术、古建筑工程技术
家居设计专业群	服务"居室艺术美"	建筑室内设计技术、家具设计与制造
森旅服务专业群	服务"休闲生活美"	森林生态旅游、酒店管理
林业信息专业群	服务"科技现代美"	木工设备应用技术、信息安全与管理

山水风光美：林业生态特色专业群

林业生态特色专业群的核心专业是林业技术专业，是国家级骨干专业，是湖北林业定向人才培养基地。学校从建校起就开设了造林专业和森林经营专业，后来合并为林业专业，并一直将林业专业作为重点建设专业。高职以后改为林业技术专业，生源一直稳定，在校生500余人，毕业生就业率在95%以上。林业技术专业为"湖北省第二批普通高等学校战略性新兴产业（支柱）产业人才培养计划项目"，是"中央财政支持的高等职业学校提升专业服务产业能力建设项目"，被评为"国家林业局高等职业教育重点专业"，林业技术实训基地被授予"湖北省高等职业教育实训基地"。本专业群已为湖北林业培养了数万名林业专业人才。**"湖北省有林业的地**

方，就有湖北生态工程职业技术学院培养的学生。"通过核心专业带动，形成以林业技术为核心，园艺技术、生物技术及应用、环境监测与治理技术等共同组成的林业生态特色专业群。以下着重报告核心专业建设成效。

全国开设林业技术专业的职业院校

序号	省份	学校	序号	省份	学校
1	湖北	湖北生态工程职业技术学院	15	湖南	湖南环境生物职业技术学院
2	山西	山西林业职业技术学院	16	广东	广东生态工程职业学院
3	内蒙古	扎兰屯职业学院	17	广西	广西生态工程职业技术学院
4	辽宁	辽宁生态工程职业学院	18	贵州	黔东南民族职业技术学院
5	黑龙江	黑龙江林业职业技术学院	19	云南	云南农业职业技术学院
6	黑龙江	大兴安岭职业学院	20	云南	西双版纳职业学院
7	黑龙江	黑龙江生态工程职业学院	21	云南	云南林业职业技术学院
8	江苏	江苏农林职业技术学院	22	云南	大理农林职业技术学院
9	浙江	丽水职业技术学院	23	西藏	西藏职业技术学院
10	安徽	黄山学院	24	陕西	杨凌职业技术学院
11	安徽	安徽林业职业技术学院	25	陕西	榆林职业技术学院
12	福建	福建林业职业技术学院	26	甘肃	甘肃林业职业技术学院
13	江西	江西环境工程职业学院	27	宁夏	宁夏葡萄酒与防沙治沙职业技术学院
14	河南	河南林业职业学院	28	四川	成都农业科技职业学院

改革人才培养模式

林业技术专业按照"依托行业设置专业，办好专业服务企业"的思路，推进合作办学、合作育人、合作就业、合作发展。通过学习借鉴国内外先进职业教育理念，聘请行业企业专家、企业技术和管理骨干从不同层面参与专业建设，以人才培养模式改革为切入点，将专业人才培养计划纳入林业行业发展规划，将专业顶岗实习计划纳入企业生产计划，行业和企业可以从实训基地、课程、师资等多方面融入到人才培养的全过程中。以学校校内试验林场和校外生产性实训基地为载体，以30多个校企共建实习就业基地为依托，结合林业行业特点，把试验林场（林业技术省级实训职业教育实训基地）按照专业核心能力进行功能分区，利用学校大冶实训基地、崇阳古市林场和校外企业在不同季节的生产需求开展教育教学，形成了"理实一体、生态树人"的人才培养模式。

"理实一体，生态树人"的人才培养模式

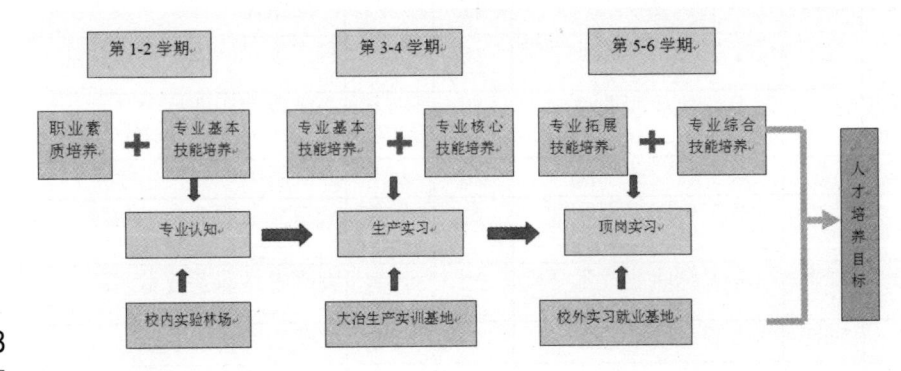

改革教育教学模式

"教学做"一体模式。核心专业林业技术以学生职业能力培养为本位，开展《林木种苗生产技术》《插花与盆景根艺》《森林调查技术》《林业有害生物控制》《森林资源经营管理》等核心课程的教学做一体化教学设计和实施工作，利用校内外实训基地和企业生产任务，通过工学交替、顶岗实习锻炼，通过与林业企事业单位联合，深入开展"做中学、做中教"的教学模式，全面提高学生职业能力。

弹性学习制度。实行学分制，各课程根据课时数赋予相应的学分，学生在校期间修满一定的学分方可毕业，使学生有更大的自主选择权。建立弹性学习制度，学生根据工作需要，在2—5年内修满所有学分，准予毕业。

基于学生个性的职业能力培养导师制。林业技术专业主要就业岗位为林木种苗生产管理、森林资源调查、森林资源经营与管理、病虫害防治和林业测量等，为让学生"毕业即就业、上岗即上手"，缩短学校和企业的间隙，在第4学期开展就业核心能力培养导师制度，实施第二课堂职业能力强化训练，建立植物识别与标本制作、林木种苗生产与管理、森林资源二类调查、ARCGIS软件制作林业专题图、病虫害识别防治与标本制作、林业测量等6个核心能力培训项目，以工作任务为载体，并进行核心就业能力培训的项目化设计工作。

专业教学资源库。以网络为平台，以促进学生职业能力提高为出发点，在现有网络课程、教学资源的基础上，建立林业技术专业教学资源平台，满足学生在专业学习和素质拓展方面的个性化需求，同时利用现代信息技术、网络资源改变传统教育教学方法，资源平台由专业资源、课程资源、实训资源、素材资源、行业标准资源等构成。

项目教学、情景教学。教学以校外实习基地和校内实训室为依托，秉承教学"从讲台走下来，走进林业生产建设"的指导思想，结合林业特点，以林业生产过程为主线，根据课程特点和学生职业能力培养目标，在专业教学标准和核心课程标准基础上，依据工作任务和岗位能力，开展核心课程的项目化教学设计和学习情景设计。

师资队伍建设

"双师型"教师队伍建设。安排教师到企业顶岗实践，参加国培省培项目，要求教师考取国家级执业资格证书，要求教师参与企业生产实践和开展社会服务活动，提高专任教师综合职业素养、实践教学能力和技术服务能力，同时，聘请企业技术骨干或生产管理人员担任专业实践指导老师、班主任，提高企业兼职教师授课学时数，打造"师德高尚、结构合理、校企互通、专兼一体"的双师型教师队伍。

教师职业能力提升测评。以学生核心职业能力为标准，将教研室作为教研活动的主阵地，在教师内部开展行业标准、职业标准、企业新技术新工艺的学习，全体专任教师在原有"一师一优课"的基础上，系统掌握课程体系设计，并能主讲同专业2门以上核心课程。通过内部学习，聘请行业专家学者、企业能工巧匠来开展教师职业能力再培训工作，并进行测评与年终考核、职务晋升、教学能力评价挂钩。

创新性教学团队。开展教学团队优化工作，培养骨干教师，加强青年教师培养，尤其是助理教师的培养，根据专业特点和师资状况，制定青年教师培养计划，按照青年教师的个性特点和职业发展需求，通过传帮带、在职培训、生产实践等途径，提高青年教师的教学科研能力，使之成为教学团队主力军。建成校级三个教研团队，一个省级优秀教学团队。

实践教学体系建设

基于学生职业能力分层递进培养的实践教学体系。结合林业生产过程，根据岗位群、典型工作任务和核心职业能力，建立分层递进的实践教学体系，即由专业基础技能、专业核心技能、专业拓展技能、专业综合技能构成的实践教学体系，并配套实践能力培训方案、实训教材、实训项目、考核评价及质量监控体系。林业技术专业基础技能包括植物识别、林业测量、森林测树、森林环境因子调查、林地管理等；专业核心技能包括林木种苗生产、造林规划设计与施工、营造林工程监理、森林抚育设计、森林采伐设计、森林资源调查、林业有害生物防治、森林资源管理、森林资源资产评估等；专业拓展技能包括森林资源开发利用、林业生态工程规划设计、森林资源调查规划设计等；专业综合技能包括顶岗实习、专业生产性实训和毕业设计等。

林业技术专业跟岗实习标准。林业技术专业的实践环节主要包括认知实习、教学实习、跟岗实习、顶岗实习和毕业设计4个环节，实施"2+0.5+0.5"的培养模式，其中"2"为前两年在学校学习专业基础和专业技能。第一个"0.5"为第五学期跟岗实习，即几个知识模块的综合实训。第二个"0.5"为第六学期顶岗实习和毕业设计。为进一步提高学生专业实践技能，学校开发了大冶实训基地生产性实训教学标准，跟岗实习为综合性实训，在第五学期开设，旨在提早适应企业工作，这在学生实践能力培养中占有重要作用。和企业共同建立实习标准，建立多方监督的跟岗实习质量监督体系，保证跟岗实习质量。

赛教互促机制。推行职业技能大赛制度，实现职业技能大赛常态化、制度化，长期开展林木种子质量检测、林地定点勘测等校级职业技能大赛，发挥"以赛促学、以赛促练、以赛促教"的宗旨，促进学生专业技能的提高，形成良好的育人氛围。依据林业专业核心职业能力，开发有害生物识别、森林抚育作业设计、林业专题图制作等新赛项，建立职业技能大赛证书与课程考核及学分转换互认制度。

校内外实训基地。建设3S技术实训室、林业综合实训室、校内实景实习基地等。尤其是更新森林资源调查设备，把校内实景实习基地建设为集教学、生产和技能鉴定于一体的综合性实训场所。同时，开展校企合作，和企业共建3个生产性实训基地。通过校内外实训基地建设，为项目化、情景化教学奠定基础。

职业技能鉴定工作。开展职业技能鉴定工作，将毕业证书与职业技能鉴定证书结合，要求毕业生至少获得一个中高级职业技能证书，双证率达到100%。

学生实践技能训练工作室。根据学生兴趣爱好和个性需求，结合企业对技能需求状况，组建学生技能训练营，提炼1—2个在学生顶岗实习前的关键技能进行强化训练，做到顶岗实习即上手。以湖北林业勘察设计工作室为依托，承担社会服务工作，通过参与项目任务，满足学生个性发展同时，提高学生实践技能。

改进人才培养质量评价方式

毕业生回访制度。建立暑期企业行和毕业生回访制度，每年对毕业生通过电话跟踪、信函跟踪、实地调查、毕业生返校座谈会等方式进行跟踪调查，掌握他们从事的工作性质、薪金待遇、社会保障、工作和生活环境，对就业指导工作的满意度，对所学专业的课程设置、教学管理等方面的意见和建议。

第三方评价。建立由用人单位、行业协会、学生及其家长、研究机构等共同参与的第三方人才培养质量评价制度，将毕业生就业率、就业质量、企业满意度、创业成效等作为衡量人才培养质量的重要指标，并对毕业生毕业后至少五年的发展轨迹进行持续追踪。通过对教育教学活动和职业发展信息化管理，分析学生（毕业生）、教师、管理人员等有关学习（培训）、教学、工作等方面的信息，为教学质量管理、招考办法改革、专业设置优化、人才培养方案制订、课程调整创新、办学成本核算、制度设计等提供依据。

城市环境美：园林建筑特色专业群

园林建筑特色专业群是湖北生态工程职业技术学院最有特色的专业群，是学校重点建设的专业群。核心专业园林技术是打造"城市环境美"专业群的支撑专业，是楚天技能名师设岗专业之一，该专业为国家骨干专业。建有中央财政支持的职业教育实训基地，第44届第45届世界技能大赛国家训练基地，能满足学生校内外实习实训需求。园林技术专业遵循"以服务发展为宗旨，以促进就业为导向"的人才培养思路；坚持特色发展，与众多园林企业积极进行合作，在人才培养方案制订、专业教学模式创新、课程教学内容整合、双师型教师培训、实践基地建设、教材开发与建设等方面进行了广泛和深入的合作，取得了良好的教育教学成果，该专业获得湖北省风景园林行业教育科研卓越成就奖。

教学改革

"以赛促教、以赛促学"的教学改革。推行职业技能大赛制度，每年5月份开展园林技术校级职业技能大赛，营造"以赛促教、以赛促学"的教学氛围。

"网络课程+课堂"的教学改革。将优秀的网络课程纳入课堂教学，鼓励教师进行网络课程的设计与制作，利用多媒体技术与网络制作微课、慕课，提高学生技能点的学习。同时，建立网络教学基地或教室，利用网络手段，开展远程教学网络课程，实现远程教师与学生的实时互动，跨地域引入优质教师资源。

"分散式实习"实践教学改革。由于园林技术专业自身特点，一个班的学生很难同时到一个企业开展实习教学，因此，开展"分散式实习"的实践教学模式，即将学生分散到多个企业实习基地，或者使学生分批进入企业实习基地进行实习，实现了园林技术专业学生实习实训的有序开展。

"教学做"一体化教学。实行"以工作引导学习"或"在工作中学习"（on the job learning）的教学模式。教中学、学中做"使学生的技能水平得到较大提高。同时，提升课堂效率和学生兴趣，培养学生动手能力和团队协作能力。

"百强课程"建设。开展园林技术专业"百强课程"建设，通过项目建设，使整个园林技术相关课程的教学水平与教师的课程建设能力得到普遍提高。

推进教学资源库建设。启动园林技术专业资源库建设，通过系统科学设计，合作开发管理，持续有效改进，建设实用开放的资源库管理平台和社会服务平台。

教学评价制度改革

第三方考核评价制度。考虑学生个体的差异，采用分层教学的方法，因材施教，发挥每个学生的才能和专长，促进学生个性发展。改革传统的纸质试卷考核方法，以技能操作考核为主，理论考核为辅，在实际工作环境中考核学生的能力。以项目成果（设计作品、绘画作品、苗木成活率、插花花艺作品等）作为参考，全面考核学生技能操作过程。

教师教学能力评价体系。通过日常教学巡查、督导专家听课评教、学生评教、二级学院评教和教师教学规范管理等5个方面，综合考核评价教师的综合素质与教学能力。

校企合作模式改革

多种形式的实践教学基地。构建完备的实践教学基地，强化实践育人。系统设计实施生产性实训和顶岗实习，建立多种形式的实践教学基地，推动实践教学改革，引进企业共建园林技术综合实训中心。

校企开发实践教学课程。通过聘请企业人才担任兼职教师，开展专业核心课程的技能训练、生产实习和一体化教学。积极与企业技术人员合作，开发实习指导教程，并指导学生的实习实训。

校企合作平台。与企业深度合作，成立湖北省园林技术职教集团，开展与教学、科研、生产、就业等相关的一系列合作，并每年组织平台企业共同研讨，形成在湖北省甚至全国较有影响力的园林技术专业。

居室艺术美：家居设计特色专业群

家居设计特色专业群主要是以建筑室内设计技术为龙头、家具设计与创造为主干、木材加工技术为两翼的艺设家具特色专业群，木材加工技术是全国仅有七家林草职院开办的专业之一，建有湖北省首家非物质文化传承基地。核心专业建筑室内设计技术专业是楚天技能名师设岗专业，家具设计专业为国家骨干专业。2011年获央财支持高等职业学校提升专业服务产业发展能力项目立项，并于2013年通过验收；2012年经国家林业局重点专业建设委员会评审授予"重点专业"称号，是国家林业局首批10个重点专业之一；2014年经湖北省教育厅评审建筑室内设计专业获"湖北省特色专业"称号。

专业建设改革

对接室内装饰及相关领域行业企业岗位需求，完善专业动态调整机制。建立与地方经济社会发展匹配的专业结构动态调整机制，建筑室内设计专业建成与行业企业紧密互动、人才培养质量高、社会服务能力强、特色明显的专业，开发专业核心课程6门，制定核心课程标准6门，建设特色教材及实训指导书10种，建设2个"校中厂（创美设计有限公司、家具设计与制造基地）"，实训教学占实践教学学时50%以上，毕业生双证书获取率达到100%；任务驱动、项目导向、案例教学等教学做一体化教学模式不断完善并深入推行。

"信息化教学、工学交替"的特色人才培养模式。学生主要完成从业基本知识和技能的学习任务，并完成专业核心理论与核心职业技能证书所必备知识和技能的学习；进入岗位的初步体验，由校企合作企业和学校各种工作室、实训室的教师及学生共同设计真实方案，让学生体验完整的设计、施工过程。建筑室内设计专业从改革人才培养模式入手，与企业联合，全面实行"信息化教学、工学交替"的模式。改革后的人才培养模式注重加强专业内涵建设，课程设置模块化及改革课程体系、课程结构和教学内容，实行项目化教学，并加强实验室和实训基地建设，走产学结合的人才培养道路。该专业群拥有板式家具生产线、费斯托工具实训中心、木艺工坊兴趣中心、木工实践一体化教室等实训场所。在人才培养上，注重家具文化传承，广泛开展工匠精神教育，该专业群的最大特色是建立了湖北省民间工艺传承基地，由湖北省非物质文化遗产传承人、工艺美术大师驻校任教，培养学生工艺美术技能。通过积极开展室内装饰企业的调研、走访、座谈、联合研究等，对校企合作的方方面面，对工学结合人才培养的全过程，对校内各种保障措施，制定科学、规范和操作性强的规章制度，完善一套行之有效的工学结合的作业文件。

教育教学模块化

基于工作过程，在每一个岗位设置相应的课程与教学内容，课程采用模块化教学。课程分成不同模块，每个模块由这一领域的专家讲授，用情景教学等方法帮助学生将理论与实践联系起来，实现校企联合教学。

发挥学生在人才培养过程的主体作用。课堂教学采用"合作式课堂"，即教师、学生、企业专家共同参与，合作完成课程教学任务。主讲教师是教学的组织者，负责教学情境设计、教学方法设计和主要部分的教学；聘请室内装饰专家和国家工艺美术大师，结合课程进行专题讲座或专项辅导、培训；学生除学习和参与训练外，同教师一起共同完成真实或者模拟的工作项目，学生可公开宣讲自己的作业，学习方式呈现正面教学、独立学习、双人学习、小组学习（报告）等形式。在实践中提高学生适应社会的能力和与人交往的能力；提高学生认识问题、分析问题、解决问题的能力。以"以赛促学"，举办或参加相关的艺术设计专业技能大赛，激发学生的兴趣和潜能，培养学生团队协作和创新能力。

休闲生活美：森旅服务特色专业群

国内正式引入"生态旅游"一词是在20世纪90年代初期。在之后20多年的时间里，生态旅游在国内引起学术界广泛关注。在此期间，举办了各种形式的生态旅游专题研讨会或论坛。通常认为，1993年9月在北京召开的"第一届东亚地区国家公园和保护区会议"通过的《东亚保护区行动计划纲要》，标志着生态旅游的概念在中国第一次以文件形式得到确认。1994年3月经原国家旅游局批准，原林业部成立了森林国际旅行社，北京、福建、陕西、大连等15个省、直辖市和计划单列市还先后成立了森林旅游公司或森林旅行社，开发森林旅游资源和开展森林旅游活动，这标志着与国家旅游局相配合的森林旅游在管理和开发方面形成了完整的体系。

湖北生态工程职业技术学院森林生态旅游专业是全国仅有九所林草职院开办的专业，开设于2005年，2010年，获批为湖北省高职高专第七批教学改革试点专业；2011年11月，获批湖北省楚天技能名师教学岗位；2012年，森林生态旅游实训基地获批为湖北高校省级实习实训基地建设项目；2013年，校党委书记宋丛文提出要着眼品牌树立，将森林生态旅游打造成为湖北省高等职业院校品牌专业，以此带动生态酒店管理行业，为省内生态旅游行业提供人才供给和智力支持。同年12月，专业顺利获批为湖北省重点专业；2015年，专业顺利获批为湖北省特色专业；2018年，依托森林生态旅游专业建设的工作室获批湖北省名师工作室；2018年，获批湖北省骨干专业。2019年，创新发展行动计划认定森林生态旅游专业为国家骨干专业。围绕森林生态旅游这一核心特色专业，物流管理、电子商务、市场营销三个专业进一步被整合成为具有涉林性质的特色商贸管理专业，成为湖北省内唯一的林产品物流、农林产品电子商务和林业经济服务营销的特色专业群。

特色人才培养模式

"旺工淡学、工学交替"的人才培养模式。第一阶段，从第一学期9月起至第二学期6月，学生主要完成从业基本知识和技能的学习任务：一是语言及礼仪技能训练；二是专业基本理论知识与职业技能证书所必备知识和技能的学习；三是岗位的初步体验，利用学校大冶、崇阳生态文明教育基地，分批次送学生到"基地"驻点学习，开展形式多样的生态文明教育实践活动。第二阶段，是一年级的暑假7—8月旅游旺季，由学校联系、企业学生双向选择，让学生进入武汉植物园、湖北省太子山森林公园、麻城五脑山森林公园等见习。第三阶段，从第三学期至第四学期，学生主要完成校内实训与理论结合的学习任务：专业核心课程的学习和岗位技能训练。结合学校被评为全国生态文明教育示范学校、湖北省生态园林式校园，及紧邻江夏区绿道（东林村—齐心今城），利用这一资源开展专业教学。第四阶段，从二年级暑假至第五学期，进入旅游市场旺季，这段时间为学生顶岗实习阶段，学生全部进行校外顶岗实习。依托湖北林学会森林旅游专委会平台，与专委会18家森林公园、自然保护区建立合作关系，同时聘请景区经验丰富的管理人员作为学生实习指导教师，为学生校外实习提供便利。第五阶段，为第六学期，旅游市场进入淡季，学生回校对其顶岗实习期间的工作内容作小结报告，进行岗位拓展。

教育教学模式

根据课程特点，采用灵活多样的教学方法设计教学活动，改革教学方法和手段。尤其突出"工学结合"教学特色，强调"做中学，学中做"相结合。在教学中采用理论实训一体化教学，如现场教学、任务驱动教学、角色教学、讲座式教学等符合森林生态旅游专业职业教育特点的教学方法，强化学生职业能力培养。与企业合作开发教学案例等资源，将旅游企业的工作流程等信息带到课堂，实现校企联合教学。

科技现代美：林业信息技术专业群

林业信息技术专业群的核心专业是木工设备应用技术，该专业开办院校全国仅有两家，支撑专业是信息安全与管理专业。

木工设备应用技术（智能制造方向）专业自开办以来，紧贴前沿，作为教育部认定的"新工科"项目，培养"懂木工、会编程、熟自动化"的复合型智能制造人才。其市场人才紧缺，全国有300多条木工智能制造生产线，毕业生供不应求；其工作轻松，在无人值守的智能制造车间，技术人员可在总控室轻松的完成调控工作。

2019年，木工设备应用技术校企共建生产性实训基地被列为国家级项目，标志着木工设备应用技术专业的内涵建设工作取得了新的重大突破。不仅能促进专业群的建设和发展，而且能带动全国院校木工设备专业健康迅速发展，发挥较强的示范引领作用。借势东风，相信懂编程的木工设备应用技术专业毕业生更将占据先发优势，实现创新和梦想。

计算机应用技术侧重于林业信息技术管理。在数字林业发展的社会背景下，以森林资源管理为核心，以信息技术为依托，为林业生产、管理、决策、产业调整等提供及时和准确的林业信息，主要培养能在林业调查规划设计，森林与环境资源监测管理，数字化地图产品的生产与发布，数据（"4D"）产品的数字化采集加工制作更新，信息系统的开发、维护与管理应用，"3S技术"软件与行业应用解决方案的市场推广、营销及售后服务等岗位从事生产、管理与技术服务等工作，并且具有良好职业道德和敬业精神、较强专业技能和适应高新技术环境下的"数字林业"建设的高素质技能型专门人才。

随着全国林业信息化建设的开展，加之各种新兴技术在林业中的应用，为本专业学生就业提供了更广阔的前景。毕业生进入各级林业调查规划设计院、林业局、林场、林业站、自然保护区、地理信息中心、自然资源管理部门、城市规划管理部门、林业公司等从事森林资源调查、森林资源经营与管理、森林资源信息分析及处理、林业资源信息系统维护和管理等工作，亦可到相关民营企业从事"3S"产品的技术支持与服务工作。

教师评价制度

实行教师工作业绩考核办法，完善制定科学的专兼职教师评价实施办法及监督办法，推行专兼职教师互评，建设课程网络数字化评教系统，推行校园网络数字化教师评价，实现了专业核心课教学学生评价的数字化率100%。

构建第三方评价体系，成立以企业管理人员、企业一线技术能手、行业专家等为主组成的第三方评价委员会，全面实现了对专业核心课程任课教师第三方评价。

建立和完善体现职业教育特点的绩效考核评价与内部分配机制，推行教师绩效评价与奖励绩效工资及兼职教师课时薪酬等级制挂钩，全面实行教师绩效评价与奖励绩效工资、兼职教师课时薪酬等级制挂钩。

实践教育体系建设

联合深度合作的实训基地，联合开发课程，共同制定课程标准，联合实训、联合考核，实现实训与就业一体化。建成了区域分布合理的校外实训基地，保证课程体系和顶岗实习的全面实施。实行毕业生就业回访企业行，做到每年对用人单位回访，引导行业企业、用人单位参与对毕业生质量评价；实现用人单位对毕业生满意度不低于80%。

五美专业群建设取得了阶段性成效：专业聚集度提高，林业特色生态彰显；专业群效应品牌效应初显；专业群课程建设品质提升；人才培养质量稳步提升。"**匠心育人，高职榜样。林业职业教育的初心就是培养新时代美丽事业的建设者。**"

宋丛文一直告诫教学单位负责同志：**抓住专业群建设这个基础和重点，就等于抓住了林业职业院校特色发展的核心和要领**。回顾湖北生态工程职业技术学院五美专业群建设路径，我们或许可以总结如下。第一，因为林业职业教育的专业不是根据知识间的逻辑关系设置，而是有相对独立性的技术和职业为参考点，所以，专业群的建设应遵循产业逻辑，即把产业链上的相关专业组织到一起。第二，专业群必须以核心专业为引领或牵引，而核心专业一般都有相应的学科基础和技术领域，从而会带动核心课程和教学内容的有序组合，促进教育教学质量的提高。第三，一个学校的专业群格局和分布，往往代表着学校办学的服务面向和技术服务领域，彰显了这所学校的产业背景和服务领域，也即显示了学校的特色和特征。第四，从专业转向专业群，有利于把以重点专业为核心，技术领域相近的各个专业凝聚在一起，有利于资源综合利用，优势互为补充，有利于实现实验、实训、实践场所和技术设备的综合利用和同一专业群内不同专业的相互补充，也可以应对行业企业生产经营状况变化对人才需求的波动，有利于推动提高人才培养适用性。第五，抓住了专业群，就凝聚起了以专业带头人为引领的专业教学团队，构建起专业教师队伍建设机制，这就涉及到后文具体阐述的教师梯队建设，从而有利于提高专业建设水平和服务社会能力。正因为这样，无论从资源互补和综合利用、增强发展平衡协调性、提高教学组织管理效率看，开展专业群建设都是一种进步，而从应对和适应技术进步和行业管理变革的要求看，以重点专业带动专业群建设更有现实和长远意义。[19]

五美课程体系

　　课程是职业院校人才培养工作的基础，承担着人才培养工作的核心功能，对保障培养质量起关键作用。学生从大学里受益的最直接、最核心、最显效的是课程。课程承载着教育思想、教育目标和教育内容，是学校教育教学的基本载体，是专业建设的核心，是人才培养的关键点，是落实立德树人根本任务的重要基础和根本保证，课程也是职业教育特色形成的力量。（徐国庆，2017）高标准进行课程建设，才可能真正将高水平专业群建设落到实处。

　　课程处于质量发展的中心，林业职业院校课程在建设模式、建设策略、资源建设方面有其自身的要求，符合职业技能学习规律的课程，才能更好凸显职业教育特色。课程观是决定课程开发模式的前提，课程开发模式决定着课程的内容、结构、教材、实践教学等。

　　课程是一个生态系统，会随着社会、经济和技术的变化不断向前发展。湖北生态工程职业技术学院以行业需求为导向、以学生终身发展为本位、以专业发展规律为遵循，建立现代职业教育课程观。树立需求导向的课程观，紧跟生态文明，美丽中国建设的要求，精准对接职业岗位建设课程。树立能力递进的课程观，根据技术技能人才成长规律和学生认知规律，按照教学设计分层递进、课程内容编排由简到繁、教学组织梯度推进的路径建设课程。树立全面发展的课程观，以促进学生德智体美劳全面发展为目标，按照将思想政治教育、文化知识教育、专业技能教育、职业素养教育融为一体的思路建设课程。

---

(19) 周建松：《专业群是高水平职院的基石》《光明日报》（2018年07月26日14版）。

各美基础类课程

公共基础课在深化职业教育教学改革和全面提高人才培养质量中有着不可替代作用，然而在现实中常常被边缘化，认为只要"专业过硬"就行，其他方面都可以不加考虑。对高职公共基础课既要重视又要适度，在课程体系、教材内容、教学方法上不能简单套用本科的模式。[20] 湖北生态工程职业技术学院公共基础课程主要是行业基础课或专业入门导论课，是课程体系的重要组成部分，约占总课程的四分之一，承担着培养学生基础素质的重要任务。学校结合专业性质、岗位特点和学生实际，构建有针对性的课程体系，选用合适的课程内容，致力于"以人为本"，教会学生做人、做事的基本准则，形成潜在素质。

为素质提升服务。公共基础课的课程教学首要任务就是调动学生学习公共基础课的积极性，提高学生学习公共基础课的兴趣，脱离学生的学习兴趣，盲目制定教学改革措施，无异于缘木求鱼[21]。提高学生学习兴趣，首先要提高教师的信息化教育教学水平。教师要努力适应在信息技术环境中教师角色的变化，变革教育教学理念和教学评价，提升学生对教师和课程的认同度。其次，坚持以学生为中心，要改变传统的教学方式和方法。因为现代信息技术为学生学习提供了广阔的空间，移动终端和互联网上教育资源使泛在、移动、个性化学习方式成为可能。例如英语学习，让学生通过移动终端随时随地从听、说、读全方位的浸入，开展难易自定、进度自定的多维度的学习，将学英语变成一件快乐的事情，学好英语也就并非难事。

为专业学习服务。根据帕累托原理，公共基础课是关键少数，只有学好公共基础课，才能更好地学习专业基础课和专业课。[22] 湖北生态工程职业技术学院注重促进公共基础课程、专业

---

(20) 李东风：《葛力力．对高职公共基础课既要重视又要适度》[J]．职教论坛,2006,(5)．
(21) 干国胜：《职业院校公共基础课程建设与教学改革研究》湖北工业职业技术学院学报,2015年10月,第28卷第5期．
(22) 桂德怀：《高职公共基础课程：困境、本原与发展》中国职业技术教育 2015,(04),78-80

课以及通识课程融通和配合。首先公共基础课程教学要与专业课间相互融通和配合。一方面，通过基础课程模块化，实现既兼顾基础又能融合专业。例如，英语课程分为：基本模块、发展模块和提升模块。基本模块为学生必须掌握的日常英语的基础知识，发展模块为专业英语知识。另一方面，在专业人才方案制订中，构建一体化的设计思路，把专业课课程与公共基础课程有机结合起来，形成功能凸显、相互交融的专业课程体系。其次公共基础课与通识课程融通和配合。公共基础课程在人才培养课程体系中相对稳定，属于学校层次的保底课程，[23] 主要作用是提升学生文化素质、科学素养、综合职业能力和可持续发展能力，是促使学生全面发展的不可或缺的教育。作为公共基础课，不仅课程自身就承载通识教育功能，而且也是学习其他通识课程基础。例如：将中华优秀传统文化教育作为通识教育融入语文教学，如以"天下兴亡，匹夫有责"责任感处世，"己所不欲，勿施于人"仁爱之心为人等内容渗透在语言素质拓展教学中，可增添学习的意义和乐趣。

公共基础类课程模块及素质要求

课程\素质模块	素质要求								
	思想道德素质		科学文化素质		身心素质		职业素质	
	思想政治素质	道德法律素质	科技素质	人文素质	身体素质	心理素质	专业基本素质	职业素养
基本模块								
发展模块								
提升模块								

个美拓展类课程

专业拓展课是以职业能力为中心：岗位－能力－课程，为实现学生与企业就业"零距离"、提高学生专业综合素质、开阔视野而设立的符合专业特色和行业特点的课程，它将行业、专业和企业融

---

[23] 陈家颐：《现代学徒制下高职公共基础课程改革的若干思考》南通职业大学学报 2015,29(04),8-11

为一体，内容包含了企业生产安全、质量、行规、标准、企业文化和先进技术等。

设置原则。将专业选修课与拓展课加以区分，选修课也是为拓宽专业知识而开设，但依然以讲授理论为主，缺乏实践环节，尤其是缺乏专业特色，知识更新速度慢，与企业要求差距比较远，教师容易把专业选修课上成概论课或必修课。为避免上述专业选修课的教学弊端，专业拓展课设置必须紧密结合行业状况，以专业知识为基础，围绕企业生产和产品性质，坚持内容广泛、深透、新颖的原则。

设置内容。湖北生态工程职业技术学院开设专业拓展课的目的，就是为适应职业人才培养目标，贯彻"以就业为导向"，将专业知识融合到行业和企业当中，实现专业、行业和企业的统一。按知识覆盖范围可分为安全与质量、行业法规与标准、企业文化、专业讲座四大部分。

安全与质量。生产安全与产品质量是一个企业的生命线，企业

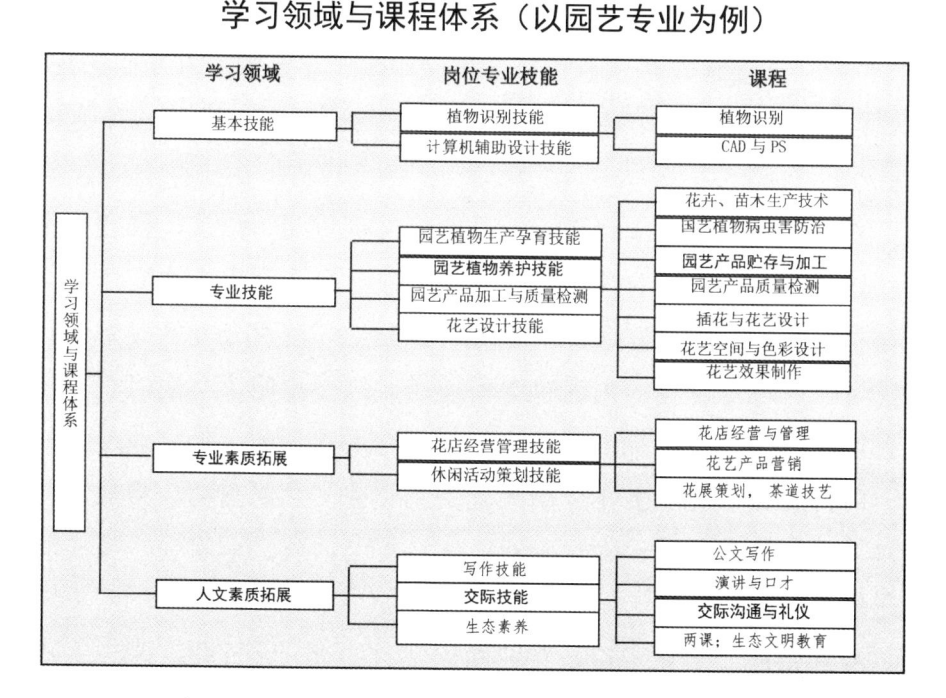

学习领域与课程体系（以园艺专业为例）

学习领域	岗位专业技能	课程
基本技能	植物识别技能	植物识别
	计算机辅助设计技能	CAD 与 PS
专业技能	园艺植物生产孕育技能	花卉、苗木生产技术
	园艺植物养护技能	园艺植物病虫害防治
	园艺产品加工与质量检测	园艺产品贮存与加工
	花艺设计技能	园艺产品质量检测
		插花与花艺设计
		花艺空间与色彩设计
		花艺效果制作
专业素质拓展	花店经营管理技能	花店经营与管理
	休闲活动策划技能	花艺产品营销
		花展策划，茶道技艺
人文素质拓展	写作技能	公文写作
	交际技能	演讲与口才
	生态素养	交际沟通与礼仪
		两课；生态文明教育

将它们看得重如泰山。可是在我们的专业课程设置中，却没有系统体现，致使许多毕业生顶岗作业经常出现安全或质量事故。企业对学生的专业知识是认可的，但对综合素质却褒贬不一，更有甚者说学生"这也不行，那也不行"。"不行"指的是学生经常在安全生产方面出问题，在产品质量方面出废品，由此引起了企业的不满。所以，用人单位盼望学生要懂安全生产，熟悉质量控制，期盼尽快缩小在校教育与企业要求的差距。

行业法规与标准。行业法规与标准是一个企业规范化生产的重要保障，作为一项重要的技术政策，作为企业生产的重要内容和载体，在推动经济发展方面越来越显示出其不可替代的重要作用。通调查发现，企业在组织生产时是遵循一定规律的，产品按标准进行生产，员工对自己所从事生产的标准和规程熟记于心，运用标准得心应手。可是，学生在校期间对于标准的概念还是一片空白，走进企业更是茫然。由于生产操作不按规程，产品设计不遵循标准规定，经常造成返工现象从而影响工期，法规和标准成了知识应用的"拦路虎"。这就要求改革课程设置，在校期间一定要掌握本行业法规、企业标准和国家标准，使"拦路虎"变成专业知识与生产应用之间的桥梁。

企业文化。企业文化是一个企业由其价值观、信念、仪式、符号、处事方式等组成的其特有的文化形象。企业利用企业文化为其生存与发展发挥作用。调查中发现，毕业生怀着对企业的美好向往踏进企业，可是没过多久就感觉不适应。这正说明了学生对企业还没有认同，对自己所从事的工作环境没有足够了解。将企业文化作为一门拓展课，使学生在校期间就受到企业文化的熏陶，将提高学生对企业的认同感。学生对企业文化认可了，就会留得住，减少就业违约率。

专业讲座。专业讲座是专业知识学习的进一步深化，是专业课的前沿阵地，它将行业最先进的理念、最先进的技术和成果引入教学，极大开阔了学生视野，提升了本专业的专业形象。专业讲座升级为一门拓展课程后，就不再是随机的和可有可无的，它的设置必须要有大纲、有组织、有计划地进行。

课程教学。专业拓展课摒弃了传统专业选修课模式。实践证明，来自企业的兼职教师讲授专业拓展课具有明显优势，他们专业知识过硬，一线能力强，新技术新思想更新快，学生能听到不同层次的声音。

共美融合类课程

融合类课程主要是为专业服务或提升学生素质需要而开设的课程。无山不绿，有水皆清，四时花香，万壑鸟鸣，替河山装成锦绣，把国土汇成丹青。建设生态文明是事关中华民族发展的千年大计，生态文明建设对人的发展提出了新的要求，特别是人的实践方式、思维方式、价值理念、审美情趣等方面都要相应发生改变，也要求职业院校培养与生态文明建设相适应的具备生态人格的技术技能人才。湖北生态工程职业技术学院从2014年起在全国率先开设了"绿色中国"特色思政课，开设课程的目的是根植大学生生态文明理念，坚定中国特色社会主义道路自信。

《绿色中国》课程教育内容

顺序	主题	形式
专题一	印象乡愁：生态环境怎么了	对谈
专题二	走过的路：整合重塑文明路	专题
专题三	四梁八柱：生态文明这样做	专题
专题四	绿色福祉：绿水青山变金山	专题+辩论
专题五	现代林业：国盛林兴科学建	报告
专题六	绿色生活：美丽中国新路径	专题+实践
专题七	知行合一：入脑入心化于行	实训基地教学实践

内容精心规划。《绿色中国》是一门面向大学生开设的公共必修课,32学时,2学分。本课程作为一门特色思政课,设置了合理的教育内容,安排了合适的教育方式,通过公共必修课程的开设,让学生了解生态文明知识,培养学生的生态文明理念和素养,实现践行生态文明行为的初衷。

目标实现了三个精准。为每一个生态学子打上生态文明的烙印。精准的生态认知目标,学生普遍接受一定的生态基本知识的学习,具有客观认知生态环境的能力;精准的生态理性目标,在拓展学生的文化素质教育空间的同时,培养了其热爱自然、热爱生命的高尚情感。精准的生态技能目标,学生养成生态文明品格,实现行为方式、生活方式和学习方式的绿色转向。

"绿色中国"课程教学目标

目标	内容	价值取向
认知目标	从历史文化熏陶等方面,帮助学生掌握生态文明知识和自然历史演变过程。从国家政策层面,帮助学生理解国家生态文明建设的决心和相关政策。从环境保护方面,介绍国内外先进做法,普及环境保护相关知识。	获取生态知识
理性目标	培养学生对大自然的感恩之心,培养学生对大自然的敬畏之心,培养学生心系自然敢于担当的人格。	培养生态情感
技能目标	约束个人行为,从节约一滴水、一度电开始践行节约环保意识;结合工作实际,服务行业发展;开拓思路,创造性地开展本职工作。	践行生态行为

内容实现了三个对接。与林业行业对接,重点设置了林业行业、绿色发展的相关内容,以体现出行业特色。与职业教育理念对接,设置实训教学专题,提高了师生的行动能力。与特色师资对接,由校内骨干教师专题教学,大冶生态文明教育基地的技师承担实训教学,各路精兵强将来助阵,推陈出新,紧密合作。

施教倾心打造。让有信仰的人讲信仰。《绿色中国》思政课通过集体备课、专题教学、专业实训等环节，将最鲜活的素材搬上课堂，通过一次次互动展示，通过一次次深度解析，通过一次次扎实实践，让学生在认知中不忘初心，在比较中坚定信心。在行动中锻炼恒心。以"教学有效"为最高原则，教学活动有一个前提要求，即"两个必须"，必须以自主学习与小组合作学习为主，有学生讲述、展示的环节；必须有实训活动、总结环节。"绿色中国"课程校内课堂教学六周，分别学习六个专题的内容，课堂教学结束后开展为期一周的实践教学，教学地点在学校所属的湖北大冶生态文明教育实训基地，由指导教师组织开展植物识别；根据季节情况，结合基地生产任务，安排专业教学，如嫁接、移栽、剪枝等植物栽培及养护；组织学生开展生态文明实践活动，如除草、整地、种植、清淤等；组织学生考察该地附近的小雷山风景区、黄石矿山修复公园，领略生态文明建设的成果。实训结束时组织学生小组讨论，分组交流，提交学习成果。

方法匠心体现。《绿色中国》课程坚持"以学生为中心"开展教学，综合运用多种教学方法。教法做到了："四法同步"。通过问题导入法，激发学生探寻解决问题的能力，激发学生保护环境的责任感。通过任务驱动法，激发学生对生态文明的渴望，从而增强他们参与生态保护的原动力。通过合作探究法，鼓励学生在日常生活中践行生态文明。通过现场教学法，培养学生生态意识，使他们积极参与并影响其他人。学法做到了："三来三学"。通过直观体验，让课程活起来；通过合作探究，让学生动起来；通过展示反馈，让学生说起来，达到乐学、会学、学会。流程是："三模七步"。三模块，导入模块、展示模块和反馈模块；七步，情境导入、案例启发、小组研讨、分组汇报、教师总结、实践巩固、反思提高。评价：能力导向。本课程建立了基于能力以行动导向的课程评价指标，课堂随机考核占20%，综合实训考核50%，表达能力考核占30%。

效果全心达致。"绿色中国"思政课实现了教学手段信息化、教学过程情境化、教学案例运用生活化。在教学中通过查找、研讨、思考、运用、展评这些形式，突出了课程的重点；通过观看案例、议论探究、查漏补缺、评价反思，突破了难点。学生获得生态文明基础知识，理解人与自然的关系，认识生态问题产生的过程，了解我国生态环境现状、特点以及产生的原因；课堂互动教学，通过学生的自主学习、合作学习和探究学习，让学生享受学习过程，教学中有合作、有探究、有鼓励、有评估，在情境中评判对待自然生态的行为，绝大多数学生养成了生态文明品格，实现了行为方式、生活方式和学习方式的绿色转向。

价值凝心聚力。育人之本，在于立德铸魂。总体上说，湖北生态工程职业技术学院"绿色中国"特色思政课对应习近平总书记关于思政课"八个相统一"的要求，将生态文明建设这一新时代的"大政治"命题与职业教育立德树人工作结合，实现了政治性和学理性相统一；在课程教学中，学生掌握了生态文明建设的知识，具备了生态文明理念，实现了价值性和知识性相统一；在对待人类问题发展历程，尤其是讲解工业文明带来灾难的时候，教师引导学生，历史地辩证地看待工业文明，坚持了建设性和批判性相统一；在课程实施上分课堂教学和大冶生态文明教育基地实训教学，实现了理论性和实践性相统一；以课堂教学＋实训教学为主体，同时结合学校的活动，师生参与了生态文明进高校校园、组织入党积极分子培训班学员开展捡烟头、将课程纳入林业行业干部培训班教学等延伸活动，实现了统一性和多样性相统一；课程教学由教师主导，但又以"学生为中心"，实现了教师主导性和学生主体性相统一；课程以问题为导向，注重启发，实现了灌输性和启发性相统一；"不言之教，无形而心成"，课程教学中教师不仅用自己的学识、能力和经验传道授业,更是用自己的人格、身教和大爱立德树人。"不言之教胜于教",实现了显性教育和隐性教育相统一。课程在育人的价值构建进程中,实现了从认知认同到情感认同、理性认同再到行为认同的递进,在学生身上根植了尊重自然、顺应自然、保护自然的生态文明理念,学生更坚定了中国特色社会主义道路自信。

大美卓越类课程

湖北生态工程职业技术学院卓越类课程主要是专业核心课或实践课,建设的抓手是"百强课程"建设以及后来的升级版"有效课堂"建设活动。"百强课程"是指具有特色和一流教学水平的优质课程。百强课程建设根据人才培养目标,体现现代职业教育思想,符合科学性、先进性和职业教育的普遍规律,具有鲜明特色,并能恰当运用现代教育技术与方法,教学效果显著,具有示范和推广作用。课程建设突出四个条件:有一个专兼结合的教学团队;有良好的实验实训条件;课程主讲人有较丰富的教学经验,热爱教育事业,有开拓创新精神;选用的教材或自编教材体现工学结合的职业教育理念。[24]采取"立项改革—经费资助—实践应用—有效认证"的模式,倡导教师创新教育教学方法,鼓励师生探索信息技术与教育教学深度融合,以打造"重视教学、崇尚创新"的导向。

林业技术专业卓越类课程

构建了基于工作过程的项目课程体系,聘请行业专家和企业能工巧匠,建立林业技术专业建设指导委员会。开展市场调研,结合林业生产过程,制订科学的人才培养方案,分析林业专业岗位群所对应的典型工作任务和核心职业能力,积极开发基于工作过程的项目化课程,做到专业与产业和职业岗位对接,课程内容与职业标准对接,教学过程与生产过程对接,实现教学目标能力化、教学内容

---

(24) 关于印发《湖北生态工程职业技术学院"百强课改"实施方案》的通知(鄂生态院〔2015〕19号)。

职业化、教学过程项目化。优质核心课程《林木种苗生产技术》《森林营造技术》《森林经营技术》《森林调查技术》《森林资源管理》和《林业有害生物防治技术》已建设成为项目化课程。

园林技术专业卓越类课程

重构能力本位的卓越类课程。"花艺特色班"教学的课程体系，以"职业生涯发展"为导向的课程体系改革，选定一个专业方向，对专业方向所面向的职业进行确认。针对专业方向所面向的职业，对职业进行短期、中期、长期规划，根据规划目标确定各阶段需要达到的受教育程度和技能掌握程度，根据程度的不同，由易到难地合理安排理论教学与实践教学，形成一个以"职业生涯发展"为导向的课程体系建设。以"工作过程"为导向的课程体系，将园林工程项目的工作过程进行细致划分与梳理，根据工作过程进行课程的安排与编制，最终形成"工作过程"为导向的课程体系。由于园林技术专业的特殊性，园林植物栽培养护、园林植物有害生物防控、园林工程施工等都有自身的自然规律，有时效性，错过了生长、发生季节和项目实施较多的季节之后，相关实训的开展就会变得没有效果或没有场所，采取将部分实训课程以"工作过程"为导向进行合理编制，加强实训的合理性与适用性。从一定意义上说，这是建立基于工作过程的，将学习体系和项目体系融为一体的课程。

建筑室内设计专业卓越类课程

建筑室内设计专业课程体系和教学内容改革从"信息化教学、工学交替"的人才培养需求出发，组建以室内设计技术专家、职业教学专家为主的课程体系建设团队，以建筑室内设计业面向的设计营销服务、设计及制图工作、施工工艺与管理三大岗位群的需要和国家职业标准为依据，构建以真实载体的岗位工作任务、工作过程课程体系。每学年召开两次专业建设研讨会，每学期召开一次专业行校企共建指导委员会议，协商实训、实习、兼职教师等问题；深化"校中厂（创美设计有限公司、家具设计与制造基地）"模式、"联合项目开发（申报）"模式的落实和实施；构建政府主导的政策机制、校企合作协调沟通机制、利益保障机制、制度保障机制、项目监督与评价机制。与室内装饰行业企业专家合作，根据建筑室内设计职业岗位的技能要求，面向工作过程，纵深推进任务驱动、项目导向

百强课程建设评价表

一级指标	二级指标	主要观测点	建设标准
课程主讲人	能力水平	教学情况与技术服务	执教能力强，教学效果好，参与和承担教育研究或教学改革项目，成果显著，与企事业联系密切，参与校企合作或相关专业技术服务项目。
课程建设	课程定位	性质与作用	本课程对学生综合职业能力培养和职业素养养成起主要支撑或明确促进作用，且与前后续课程衔接得当。
	课程设计	理念与思路	以职业能力培养为重点，与行业企业合作进行基于典型任务，课程的开发与设计体现职业性、实践性和开放性的要求。
课程内容	内容选取	针对性与实效性	根据行业企业发展需要和完成职业岗位实际工作任务所需要知识、能力、素质要求，选取教学内容，并为学生可持续发展奠定良好的基础。
	内容组织	组织与安排	遵循学生职业能力培养的基本规律，以真实工作任务及其工作过程为依据整合、序化教学内容，科学设计学习性工作任务，教学做结合，理论与实践一体化，实训实习等教学环节设计合理。
	教学模式	设计与创新	重视学生在校学习与实际工作的一致性，有针对性地采取工学交替、任务驱动、项目导向、行动导向的教学模式。
	实践条件	建设与使用	校内实训基地由行业企业与学校共同参与建设，能够满足课程生产性或仿真性实训的需要，设备设施利用率高，校外实训基地与校内实训基地统筹规划、布点合理、功能明确，为课程的实践教学提供真实的工作环境，能够满足学生了解企业实际、体现企业实际、体现企业文化的需要。
课程资源	表现形式	基本资源	基本资源能反映课程教学思想、教学内容、教学方法、教学过程，包括课程介绍、课程标准、教学日历、教案或演示文稿、实训实习项目、重点难点指导、课件、习题、参考资料目录、教材和课程全程教学等反映教学活动必需的资源，且有可实施的建设规划。
		扩展资源	拓展资源有案例库、专题讲座库、素材资源库、专业知识检索系统、演示虚拟仿真实训实习系统、试题库系统、作业系统、在线自测、课程教学、学习和交流工具及综合应用多媒体技术建设的网络课程等，且有可实施的建设规划。
课程评价	教学评价	专家、督导与学生评价	校外专家，行业企业专家，校内督导及学生评价优良。
	社会评价	社会认可度	学生实际动手能力强，实训、实习产品能够体现应用价值，课程对应或相关职业资格证书或专业技能水平证书获得率高，相关技能竞赛获奖率高。

等学做一体的教学模式，开发专业课程和教学资源。在建筑室内设计专业建设中遴选《室内设计——居住空间》《室内设计——公共空间》《室内装饰材料及施工工艺》《室内设计营销技法》等9门体现岗位技能突出、能促进学生实践操作能力培养的核心课程进行重点建设。课程建设中企业全程参与，建有交互式的课程资源库，并形成持续改进课程内容和教学方法的机制。根据课程特点，采用灵活多样的教学方法设计教学活动，改革教学方法和手段。尤其是突出"工学结合"教学特色，强调"做中学，学中做"相结合。与企业合作开发教学案例等资源，将室内装饰企业的工作流程等带到课堂，实现校企联合教学。

森林生态旅游专业卓越类课程

优质核心课程建设。建立湖北省森林旅行社全过程参与课程建设的合作机制，组织骨干教师与旅行社行业企业专家合作，根据旅行社职业岗位的技能要求，面向工作过程，纵深推进任务驱动、项目导向等学做一体的教学模式，开发专业课程和教学资源。在森林生态旅游专业建设中，遴选《湖北旅游景区讲解》《湖北森林旅游》《旅游市场营销》3门体现岗位技能突出、能促进学生实践操作能力培养的核心课程进行重点建设。整个课程建设中企业全程参与，建有交互式的课程资源库，并形成持续改进课程内容和教学方法的机制。特色教材建设是工作过程驱动课程体系程序化和课程内容重构的直接成果。选取《湖北森林旅游》《导游业务》《生态旅游商品设计与制作》《旅游产品设计与操作》四门课程进行特色教材建设。

经验材料式地展示了四个专业卓越类课程后，可以发现，以"百强课程"建设为载体的卓越类课程的成效在于三个满足，即：满足用人单位对人才规格的要求，满足职业教育教学规律的基本要求，满足学生自我完善和自我发展的要求。体现出"五化"特点：多元化，开发主体由学校教师、行业企业骨干组成；标准化，参照职业标准开发课程体系、课程标准和教材；一体化，理论教学与实践教学融合，学中做，做中学；全程化，职业素质教育和职业能力培养贯穿课程教学始终；社会化，行业企业参与课程评价和质量监控。

特美新兴类课程

湖北生态工程职业技术学院新兴类课程可以理解为专业未来课或专业发展未来课。根据教育部公布的《2016年全国高等职业院校适应社会需求能力评估报告》，在我国职业院校开设专业点3.4万个，其中60.7%与当地支柱专业密切相关。任何一个专业都不可能保持一成不变，专业的建设与发展离不开课程的支撑，专业发展的趋势，最终还是要落实到课程体系这个基础上来。因此，建设科学、合理的课程体系，并且创立特色新兴课程才能建设可持续发展的特色专业。比如园林技术专业作为国家骨干专业，湖北省品牌专业，但全国约有200所高职开设此专业，主要培养风景园林规划与设计、园林工程施工技术等方面的技术人员，专业同质化严重，为使专业办出特色，发展可持续，学校开设《园林古建工程技术》课程，通过两年的运行，推动了园林技术向园林古建方向发展。此后学校每一个专业均开设特色新兴课程，起到对接产业升级，对接世赛新标准，实现了新兴课程建设引发专业发展的联动性。

五艺技能美

"我们致力于培养建设者，美丽事业的建设者"，宋丛文说。学校在技能人才培养上形成了花艺、园艺、木艺、茶艺、杂艺等"五艺"特色，涉及五艺的课程全部对学生开放，上课时间灵活多样，满足学生对技能学习的需求。

花艺　　邂逅花卉艺术美

花卉业既是美丽的公益事业，又是新兴的绿色产业。以湖北省为例，该省花卉产业发展迅速、市场繁荣、效益明显，2018年全省花卉种植面积达6万公顷，销售金额50亿元，从业人员达到18万人。全省花卉市场253个，花卉企业近4000家，花卉产值已高于木材和竹材的产值，单位面积产值达到每公顷8.69万元，已经成为全省林业产业不可或缺的重要组成部分，成为促进绿色产业发展的重要支点。为推动花卉类专业建设及实习实训，学校在大冶实习实训基地建起了百花园，重点种植草本花卉和木本花卉两个大类，室内草本花卉、室外草本花卉、乔木花卉、灌木花卉、藤本花卉五个小类。实训指导教师刘木青带领学生通过栽培与试验，定期记录百合生长管理数据，在记录过程中总结了一套实用的百合繁殖栽培技术，培育的矮生金百合"小蜜蜂"、大花东方百合"八点后"和矮生橙色百合"日落矩阵"等品种，将产品推向了市场。蝴蝶兰是有着"洋兰王后"之称的附生性兰花，其花姿优美、花色多样就像一只翩翩起舞的蝴蝶一般，观赏价值极高，想让蝴蝶兰能够更好的开花，是刘老师团队开展花卉种植一直在探索的问题，在实践中他们还总结出一套蝴蝶兰的催花技术，能够使其更好的开花，让其花期更加持久，花色更艳丽。

宋丛文常讲：插花是一门科学、是一门艺术、是一项技能、也是一份职业。 运用鲜花、绿色植物等素材设计和装饰出满足人们对美好生活追求，已经成为物质文明和精神文明建设的重要内容，插花艺术在建设美丽中国中是不可缺少的一个重要组成部分。学校与湖北省人社厅、湖北省花艺协会对接，主动承办湖北省插花花艺大赛，连续三年承办这个省级一类竞赛。此后，花艺成了学校专业课程的亮点，作为培养特色专业群的重要举措，每年在校生中至少有2000人学习花卉类的骨干课程，学生们成立了插花花艺社团，学校将插花花艺课程提升为全校性的公共选修课。2016年起开设了花艺特色班，进行世赛选拔培养，学校成为第44届、第45届世界技能大赛花艺项目中国集训基地，基地培养了两名世赛金牌选手。

园艺　装扮生态环境美

宋代大画家郭熙说："山以水为血脉，以草木为毛发……故山得水而活，得草木而华。"园林有了植物，便有了生机，而呈现华滋之美。新时代，"山、水、林、田、湖、花草自然融合，既是一场独具特色的绿色盛宴，更是一次人与自然的心灵对话，启迪人们把园艺与生活有机结合，感受自然之美和园艺之美，共同体验人与自然和谐共生的生态意义与智慧。园艺不仅展示自然万物之美，更融入了人们的生产生活。让园艺融入自然，让绿色融入生活。

湖北生态工程职业技术学院园艺技术专业是国家骨干专业，在第45届世赛湖北省选拔赛上获团体第一名第二名，在第46届世赛武汉市选拔赛上获团体第一名、第二名。师生主攻花境设计、施工与养护。花境源于欧洲，是近年来国内逐渐流行的一种植物造景形式，强调"虽由人作，宛自天开""源于自然，高于自然"的艺术意境。老师带领学生一道学花境、布置花境，充分表达植物本身的自然美、色彩美和群体美。花境带给人的作用，不言自喻，而花境的设计并非易事，绝非乱配，如果想做好，必须做到够专业，比如了解各种花类的属性、季相，花境种植床高度多少？土壤厚度多少？排水坡度多少？如何组团更具观赏价值？相同花期的色彩搭配？花境背景如何选择？

师生们通过花境景观现场操作，园林审美、设计创意和操作技能得到了很大提高，学生具备了植物认知与运用的能力、植物材料生产能力、花境方案设计能力、花境方案落地能力、花境养护管理能力。

木艺　传承传统工艺美

湖北生态工程职业技术学院家具制作实训室是第45届世界技能大赛中国集训基地。每天这里异常忙碌，识图、划线标注、加工、工具应用、贴面、砂光、组装……选手们系列操作有条不紊，反复操作。拉锯、开榫打卯、雕刻是传统家具制造业中木匠的基本功，现代家具的制造虽然加入了高精尖的机械，但本着代代相传的工匠精神，锲而不舍，精益求精，所做出来的家具才是有着灵魂的家具。正是在这样的情况下，作为林业行业办学的湖北生态工程职业技术学院继续发挥世界技能大赛突出贡献单位的赛项基地优势，在中国传统技能优势的家具制作项目的技能比赛中，潜心匠心传承。

在家具设计与制作专业展示现场，艺术设计学院产品设计专业的学生杨颖杰（已留校任辅导员）说："学习制作家具，最难的是整体思维，一件家具要自己从画图设计、材料的切割、零件的拼接、贴合等一点点做好，任何一个小误差都能很大影响我最后的作品成果。学木艺让我体会到，这是一件很严谨、很考验耐心的一件工作。"学木艺在湖北省高校专业中"独一份"，全国仅7家，学生学木艺，首先学习传统文化。说到国粹，人们首先想到的可能是京剧、武术、书法、中医等等，但是对于在校期间大部分时间混迹于家具制作实训室的"生态菌"而言，首先想到的却是——榫卯。榫卯是一种充满中国智慧的传统木匠工艺，在家具制造领域，它的地位丝毫不亚于京剧武术。榫卯，是在两个木构件上所采用的一种凹凸结合的连接方式。在传统家具制作中，榫卯工艺制作的最高代表就是全榫卯连接并且可随时拆装的家具。中国的榫卯，如同浩瀚的汉字，变化万千，耐人寻味。当榫头与卯眼在外力的作用下构合时，一种强烈的冲击力、穿透力和契合状态，就完全超越了自身形态的审美性，而是行为的感受与力的体验。工匠木艺的高低，家具的文化价值，通过榫卯结构就能清楚反映出来，学生学技艺，工匠精神自然体现。

茶艺 享受生活品位美

饮茶是物质上的生活需要，而茶文化则是精神生活的享受，它有着深远的内涵，而茶艺，既是一种以茶为媒的生活礼仪，也是人们修身养性、陶冶情操的良好载体。茶文化里蕴含着美的要素，所以茶艺成了一种特殊的生活艺术。茶艺的六要素是人、茶、水、器、境、艺，要达到茶艺美，就必须人茶水器境艺俱美，六美荟萃，相得益彰，才能使茶艺达到尽善尽美的完美境界。

杀青、揉捻、做形、干燥……湖北生态工程职业技术学院茶艺与茶叶营销专业的学生从制茶技艺学起。2019年茶艺与茶叶营销专业首次招生，但这个新专业其实并不新，学校为此已筹备了两年之多，之前一直作为必修课在酒店管理专业开设。近年来，湖北生态工程职业技术学院通过对酒店、餐饮、森林食品等行业调研，了解到茶艺师、品鉴师的缺口大。于是发挥林业行业学校的优势，在学校酒店管理专业中开设了"茶艺"相关专业课程，并将其作为特色核心课程进行教授，取得了突出成效。

泡茶看似简单，实则严格，茶文化无时无刻都体现着工匠精神。入场、净手、行礼、入座、焚香、煮水候汤、洗杯烫盏、赏茶投茶、观色闻香、冲水洗茶、静心泡茶……在悠扬的乐曲中，身着白衣的茶艺师经过多道工序，捧出一杯香茗。这是一场名为《茉香梦》的茶艺表演，一举一动中尽展端庄典雅之态，让人尽享茶韵之美，这是学校"陆羽"茶艺特色班的技能展示。

师生团队在武汉市首届茶艺技能大赛中获得二等奖、湖北省第九届茶业职业技能大赛银奖，在行业内行成了"生态茶艺"的口碑。从行业中来，到行业中去，作为网络上评选的全国十大"土味"专业之一，茶艺与茶叶文化营销专业依托湖北省陆羽茶文化研究会，按照湖北省茶叶行业人才需求的规格标准调整人才培养方案，从职业规范中制定高职学生素质标准，搭建校企衔接的平台，促进专业与产业的无缝对接。为茶叶种植生产、茶产品加工制造、茶叶营销、茶企经营、茶文化推广等全产业链培养合格技术技能型人才。为星级酒店、高端会所等"定制"技能水平高、学习能力强、形象气质佳、文化修养好的茶艺师、品茶师、评茶师及业务推广人员。在校学过茶艺学习的学生,实习时都供不应求,尤其是"茶艺师"当中的男生,更是受到市场的热捧。

杂艺　体验民间文化美

"意在笔先,落笔成形"的烙画,"虽小道,亦有可观"的竹雕,是我国极为珍贵的古老艺术形式,因其构思独特,创作过程辛苦而成为濒临失传的非物质文化遗产。为了让这些传统技艺得到更好的传承与推广,湖北生态工程职业技术学院与湖北省非物质文化遗产代表性传承人、工艺美术师、民间工艺技能传承大师徐海清先生共同筹建了我省首个民间工艺传承基地,进行非物质文化传承。

基地建成后,聘多位工艺大师为客座教授,指导学生学习烙画、竹雕、泥塑、木雕等传统艺术,提升专业技能,传承非物质文化遗产。家具设计与制造专业的学生将烙画、雕刻元素融入现代家具设计中,展品一经亮相武汉国际家具展览会,就受到观展人员的青睐,成为获得"黄鹤杯"产品创新设计金奖的唯一职业院校。其他专业的学生每周也有固定的时间,来这里学习非遗文化的兴趣课。另外,该基地还对外展出了徐海清先生的烙画、竹雕等工艺术美术珍(藏)品以及学生作品三百余件,慕名而来的艺术爱好者们无不啧啧称赞,为大师高超的技艺所折服,也为学生们大胆的创作和真诚的态度所打动。

调酒和烘焙也是学生可选学的特色技艺,学生在"巽震杯"第九届全国旅游院校服务技能(饭店服务)大赛鸡尾酒调制赛项三等奖;武汉市第二十届职业技能大赛调酒师赛项第九名并获得技术能手称号,教师王可民获得"江城调酒名师"称号。学生在世赛烘焙赛项武汉市选拔赛，获二等奖、三等奖各一项。

学生学杂艺不仅继承和发扬了优秀的民间传统工艺，传承了非物质文化遗产，也丰富了校园文化内涵，提升了专业技术水平，创新了实践教学模式，显有成效地走出了一条发扬传统技艺，发展个性特长的特色办学之路。

小结：五美教育体系特色

内涵建设是职业教育发展的主要任务，而且通常认为专业及课程是职业教育的关键内容。湖北生态工程职业技术学院五美教育体系具有以下特色。

理念：坚持以生为本的理念，注重学生的全面发展。将素质教育看作是教育的重要组成部分，更多地以学生为中心，尊重学生，将"以生为本"、学生全面发展的思想融入教育的全过程；面对职业的变化，调整教学计划、教学内容等，注重加强人才培养的适应性，注重培养学生的综合素质。

目标：培养生产、建设、管理和服务等一线的技能人才。围绕各职业领域的基本职业活动来开展，使学生掌握操作技能、管理技能、服务技能等，即课程具有职业定向性。另外，以"服务地方经济发展"为宗旨，教育目标有行业特色。

内容：以市场需求为基础，实现毕业生与就业岗位的衔接。人才培养的选择与组织紧密结合市场需求，反映时代需求和社会需求的现状，符合专业培养目标的具体要求，消除学生所学与所用之间的差距，有效实现毕业生与就业岗位之间的零距离衔接，从而提高人才培养质量及毕业生就业率。

实施：以学生为主体，灵活运用多种教学模式。灵活多样的教学模式，抛弃以教师为中心、向学生灌输知识的模式，建立起"以学生为中心"的理念，把学习者作为认知活动和信息加工的主体。教师已经不再是知识的提供者，而是学习者建构知识体系的帮助者、指导者，更多的是发挥学生的首创精神，引导学生将知识外化，并努力实现自我反馈，更加强调利用协作、会话等要素调动学习者的主动性、积极性。

评价：实施过程性评价，重视学生的个性发展。经过长期的改进与实践，课程评价重视评价方式多元化，重视过程性评价，将评估贯穿于整个学习过程中。教学评价不只是针对结果，而是结合学生活动进行评价，师生形成过程性、动态性评价的意识。

第三章

抓立德树人特色

社会主义教育事业的核心是立德树人。习近平总书记在全国高校思想政治工作会议上指出，要坚持把立德树人作为中心环节，把思想政治工作贯穿教育教学全过程，实现全程育人、全方位育人，努力开创我国高等教育事业发展新局面。习总书记的重要讲话在为我国教育工作坚持立德树人根本任务提出新要求的同时，也为林业职业教育在新时代牢牢抓住理想信念铸魂这个关键环节，完成立德树人根本任务指明了方向。湖北生态工程职业技术学院党委认为，必须把立德树人作为教育的出发点，作为价值践行的着力点，作为人才培育的落脚点，持续推进教育发展，实现学生全面健康成长成才。在这样的认知基础上，党委科学全面谋划"大思政"建设框架，营造"大思政"环境条件，建立"大思政"长效机制，构建"立德树人"系统工程，形成了立德树人"大思政"特色，其主要内容是：明确一个教育目标，落实三个育人环节，统筹五个思政建设。

立德树人：回归林业职业教育初心

这是一个由"中国制造"向"中国创造"、"中国精造"迈进的时代，是一个由"劳动密集型"、"粗放型生产"向"集约化"、"标准化"、"规范化"和"精细化"生产过渡的时代。这个时代赋予劳动者与劳动本身的能力要求和技术含量越来越高，与之相对应的是，对于相关职业教育的期望值越来越高。它要求教育培养的劳动者除了应该具备的扎实的理论研修功底以外，更应当拥有高超的专业技术素养和高效的创新实践能力[25]。这一诉求与职业教育人才培养目标是"不谋而合"的。对此，职业教育和职业教育工作者们理应有充分的认识和自信。简言之，是这个新的时代呼唤职业教育，职业教育的初心是与时代为伍，为时代出力，为中国特色社会主义新时代培养更多更契合时代特色的各类专业性人才。

培养什么人，是教育的首要问题。[26]职业教育是使人成其为匠的教育。林草职业院校培养的学生应从职业认同阶段，走向能力培养阶段、能力形成阶段、职业能力发展阶段，走出去的学生应该是德技双高、德才兼备的人才。社会对人才需求的现实情况是"有德有才重点用，有德无才培育用，无德无才弃之不用"。从中国教学传统来看，正如陶行知所言："先生不应该专教书，他的责任是教人做人。学生不应当专读书，他的责任是学习人生之道。"在学校思政工作中就是坚持以学生成人成才为第一要义、为根本目标，坚决摒弃单纯注重技能教育而忽视或轻视"育人"的狭隘发展观念，使学生德技双高、全面发展、健康成长，这是检验办学成效的主要标尺，也是学校存在与发展的价值所在。

学校党委要求，要围绕促进学生成人成才这个中心环节，始终

---

(25) 余波：《不忘职教初心，牢记育人使命——试论新时代我国职业教育中的教育自信问题》文教资料. 2018年第10期。
(26) 习近平总书记在全国教育大会上指出："培养什么人，是教育的首要问题。"并强调，"我国是中国共产党领导的社会主义国家，这就决定了我们的教育必须把培养社会主义建设者和接班人作为根本任务，培养一代又一代拥护中国共产党领导和我国社会主义制度、立志为中国特色社会主义奋斗终身的有用人才。这是教育工作的根本任务，也是教育现代化的方向目标。"

把实现好、维护好、发展好广大学生的根本利益,加强学校各项建设,满足学生成长成才的需要视为工作重心;作为教职员工,就是要结合学生成长规律和学习特点,加强人文关怀和服务照顾,努力用爱心、诚心、细心、耐心去面对学生,去教育和引导学生,做学生的良师益友,做学生人生路上的思想启蒙者、行为引领者、心灵抚慰者、困难帮助者。

三全育人:推进五个思政守正创新

"三全育人"即全员育人,全程育人,全方位育人。这是中共中央、国务院《关于加强和改革新形势下高校思想政治工作的意见》提出的坚持全员全过程全方位育人的要求。

全员育人是指学校的所有部门、所有教职工都负有育人职责。专任教师、思想理论课教师、辅导员、教辅人员、行政管理人员等都要担起育人职责。全程育人是指学生学习成长的全部过程中都要加强思政工作。学校和思政工作者要认真研究和掌握学生从入校到毕业、从课内教育教学到课外实习实训、实践活动等过程中逐步成长的基本规律,精心规划和实施不同阶段的教育重点和方法措施,在学生每天、每周的学习和生活全过程中渗透思政教育内容,使之无处不在、无处不有。全方位育人是指充分利用各种教育载体,主要包括学生思政考核体系、奖学金评比、评优评先、贫困生资助与勤工助学、学生组织建设与管理、校园文化建设、诚信教育、社会实践等,将思政工作寓于其中。在管理育人和服务育人方面,学校管理人员和服务人员发挥着不可替代的重要作用。湖北生态工程职业技术学院在全过程、全方位、全员育人的工作格局和工作体系的构建当中,重构起系统化"立德树人"的落实机制,教学体系围绕立德树人这个目标来设计,教师围绕立德树人这个目标来教,学生围绕立德树人这个目标来学。

从全国高校思政工作会到与北大师生座谈,习近平总书记反复强调,"培养社会主义建设者和接班人,是我们党的教育方针,是我国各级各类学校的共同使命","要把立德树人的成效作为检验学校一切工作的根本标准"。在组织党委中心组学习讲话精神时,宋丛文谈了自己的看法,他认为,**"全员育人"要求全体教职员工都要成为"育人者"**,其一言一行、一举一动都要履行育人之责、产生育人之效,实现育人无不尽责。"全程育人",要求将立德树人贯穿教育教学全过程和学生成长成才全过程,实现育人无时不有。"全方位育人",要求将立德树人覆盖到课上课下、网上网下、校内校外,实现育人无处不在。学校实施学生思政、教师思政、课程思政、学科思政、环境思政"五个思政"改革。这项工作提出主要是激活学生、教师、课程、学科、环境等育人关键要素,从"三个课堂、一个保证"抓好"五个思政"建设,课程思政、学科思政是第一课堂,学生思政是第二课堂,环境思政是第三课堂,教师思政是关键保证,立体化、一体化构建思想政治工作体系,打通育人"最后一公里"。所以,从广义上讲"五个思政"是一种教育理念,它遵循教书育人规律,紧扣育人关键环节。从狭义上讲,"五个思政"主要是一种思想政治工作机制,它强调在思想政治工作这个体系内,要遵循思政工作规律,从学生、教师、课程、学科环境,构筑一个思政教育立体结构。

学生思政

学生不仅是学校学生工作的对象,更是学生工作的主体。树立服务意识,变管理为服务。尊重学生成长规律和身心发展规律,激发学生的主动性、积极性和创造性,使学生在自我管理和自我教育中实现自尊、自立、自信、自强的目标。学生思政着重加强学生理想信念教育、提升思政育人效果和构建以学生成长为中心的育人服务体系，体现出林业职业教育"以生为本"，服务学生成人成才，着力解决职业院校思想政治教育话语体系吸引力不够、感染力不强，在学生中使用不多、传播不广、认同不高，面临日趋"式微"甚至失灵的严峻挑战。

建立学生自我管理体系。发挥学生自我管理委员会、校团委、校学生会及学生公寓管理委员会的作用，指导学生自我管理委员会自主开展工作，增强学生自我管理工作效率。通过学生自我管理，转"他律"为"自律"，调动学生的积极性和主动性，引导学生进行自我管理、自我服务、自我教育。发挥辅导员和班主任在学生自我管理体系中的促进作用，建立"辅导员+班主任"的双轨管理制度，实现学生管理的全员化、全程化。在学生自我管理体系开展自我公寓管理、自律自查活动、青年志愿者服务、参与社会实践等活动的过程中，使学生得到锻炼和成长，提升自我教育、自我服务、自我管理的素质和能力。

发挥群团组织思政功能。党建带团建，深化群团改革，把握群团工作的政治标准、根本要求、基本特征，在改革组织设置、管理模式、工作方式和干部管理等方面采取有效措施。发挥各类群团组织的育人纽带功能，推动共青团、学生会等群团组织创新组织动员、引领教育的载体与形式，更好地代表师生、团结师生、服务师生。

支持学生社团建设。校园文化具有重要的育人功能，建设体现时代特征和学校特色的校园文化，开展丰富多彩的科技、体育、艺术和娱乐活动，把德育与智育、体育、美育有机结合起来，寓教育于文化活动之中。结合传统节庆日、重大事件和开学典礼、毕业典礼等，重点组织开展女生节、校园达人秀、十佳歌手大赛、社团文化艺术节、社团成果展、毕业生晚会、新生辩论赛、演讲赛、金话筒主持人大赛、朗诵比赛、文明寝室评比、温馨小屋设计大赛、寝室徽标设计大赛、寝室文化艺术节、社团文化艺术节、话剧专场晚会等形式多样、特色鲜明、吸引力强的主题文体活动。对所有学生社团配备一名以上的"社团指导教师",指导教师对学生社团进行引导,鼓励支持并参与学生社团开展的主题教育活动,如合唱比赛、演讲比赛、朗诵比赛等。

推进"班团一体化"运行机制。推进学校班级和团支部工作一体化,实施生态"活力"提升工程,每周四下午定期开展班团活动,形成制度,以小组形式开展,团日活动和主题班会一体化。以团支部、班级为单位进行的一系列围绕主题开展的班团活动,组织团日活动、主题班会风采大赛,以扩大支部活动影响力,提升活动水平。

建设专兼结合的学生工作队伍。学生的教育与管理是一项系统工程,需要全员参与、多部门合作。学校推行辅导员+班主任制度,加强这两支队伍的建设:第一,辅导员队伍建设。按照1:200的标准充实辅导员队伍,优化工作条件,定期组织辅导员培训,严格日常管理,完善考核体系,落实辅导员查寝登记制度、住寝制度、值班制度和查课制度。制定政策鼓励有志于学生工作的辅导员走职业化道路。第二,班主任队伍建设。按照政治强、业务精、纪律严、作风正的要求,从专业教师、中层干部或校企合作单位中选聘班主任,强化班主任在学生思想教育、心理健康、行为规范、学业就业等方面的"一对一"指导。

开展多元心理健康教育。加强预防干预,有针对性地开展恋爱观、家庭观等学生心理健康教育工作和新生心理健康普查,建立在校学生心理健康档案,提高心理健康素质测评的覆盖面和科学性。建立学校、院系、班级、宿舍"四级"预警防控体系,完善心理危机干预工作预案。培育建设"高校心理健康教育示范中心",强化咨询服务,提高心理健康教育咨询与服务。

教师思政

古人说："师者，人之模范也。"在学生眼中，老师吐辞为经、举足为法，一言一行都给学生以极大影响，教师思政重在促使教师成为德才兼备、德艺双馨、德高望重的教育工作者。湖北生态工程职业技术学院着力构建良好的从教形态，让教者安心。

抓好基层党建工作。强化二级学院党的领导，发挥各二级学院党总支的政治核心作用，履行政治责任，保证监督党的路线方针政策及上级党组织决定的贯彻执行。实施教师党支部书记"双带头人"培育工程，培育建设一批先进基层党组织，培养选树一批优秀共产党员、优秀党务工作者。

加强师德师风建设。加强教师队伍管理，增强教职工全员育人的责任担当。贯彻落实高校教师行为规范，实行师德"一票否决"。把师德教育贯穿教师职业生涯全过程，增强师德的考核力度，制定科学合理高效的师德考核指标体系，将师德表现作为教师职务聘任、职称晋升、出国进修、评优奖励、绩效工资等的首要标准；完善监督机制，拓展师德评价的覆盖面，形成学校、教师、学生"三位一体"的师德监督体系；挖掘师德典型，树立一批师德高尚、业务精湛、学生爱戴的先进典型，用身边人、身边事教育人、鼓舞人。开展"十佳教师"、"十佳辅导员"、"岗位能手"等评选，形成了正向激励体系，营造崇尚优良师德师风、敬业奉献的氛围。

优化教师思政素养结构。学校准确把握教师思想政治素养的核心内容，优化教师思想政治素养结构，坚持"专业素养、职业素养、政治素养、人格素养"一体化发展，引导教师以德立身、以德立学、以德施教，做一名充满行业气质的好老师。把握教师思想政治工作的导向性，实施"引领·提升·共进"、"1+1"计划、教工学堂、理论宣讲团等，助力教师思想素养和业务素质双提升。

增强全员服务育人意识。在服务引导中，加强思想政治教育，把解决思想问题与解决实际问题结合起来,做到既讲道理又办实事,加强人文关怀和心理疏导,积极帮助解决教师的合理诉求。

课程思政

课程思政实质是一种课程观,不是增开一门课,也不是增设一项活动,而是将高校思想政治教育融入课程教学和改革的各环节、各方面,实现立德树人润物无声。课程思政不是要改变专业课程的本来属性,更不是要把专业课改造成思政课模式或者将所有课程都当作思政课程,而是充分发挥课程的思政功能,提炼专业课程中蕴含的文化基因和价值范式,将其转化为社会主义核心价值观具体化、生动化的有效教学载体,在"润物细无声"的知识学习中融入理想信念层面的精神指引,其成效在于必须以促进学生成长成人为检验标准。

发掘课程思政元素。梳理各门专业课程所蕴含的思想政治教育元素和所承载的思想政治教育功能,尤其是林业职业教育培养人才所需要的"工匠精神"、"职业素养"、"生态文明"等,将其纳入专业课教材讲义内容和教学大纲,作为必要章节、课堂讲授重要内容和学生考核关键知识。当然,"课程思政"不是每门课都要体系化、系统化地进行思政教育活动,也不是每堂课都要机械、教条地安排思政教育内容,而是结合各门课程特点,寻找思政元素,进行非体系化、系统化的教育。

湖北生态工程职业技术学院在课程思政建设实践中总结了发掘专业课程中思政元素的8种方法。(1)从传统文化中发掘。在《草留韵忆楚魂——端午节插花》案例中,传统节日是中华民族传统文化的缩影和标志性文化现象,端午节的意义也因为纪念屈原升华为一种爱国情怀而流传至今。通过端午节插花,将传统文化教育、爱国主义教育、职业素养养成融入到整个教学过程中,从而达到以文化人，以德育人。（2）价值模块整合。比如在《"三心二意"做设计——园林景观手绘课程思政设计》，把多个"知识-思政"点整合，形成一条"思政线"。（3）教学内容中所蕴含的价值。在《校企共融合　木德行于心——"粽角榫的制作"教学案例》中，"木德"为生育草本之德，即化育万物的春天之德。木存而为景，荫蔽生物，是其尚美之德；木立而不易，扎根大地，是其专注之德；木生而向上，开枝散叶，是其进取之德；木死而不朽，化身为材，是其奉献之德。在家具制作的教学中，将"木德"融入教学内容，通过"融入-实施-感悟"，将"木德"培养的精神与教学目标紧密结合。（4）讲故事的形式（从中发掘价值观）。《森林资源管理》课前5分钟，通过一个"最美林业故事"，引出课堂思政元素。（5）失败的教训，警示性的问题（多维度分析对学生的心理和情感的影响原因）。"水污染控制技术"课程思政，组织学生进行社会调查，了解水环境现状。（6）"反面教材"的应用（提高辨识能力和社会责任意识）。会计专业《手持式单指单张点钞法》课程，以观看《人民的名义》贪官被查为切入点，强调会计行业的特殊性及坚守职业道德的重要性，将爱岗敬业、廉洁自律内容纳入到会计专业的教学中。（7）教学材料选择，选择中国元素，中国的事情，中国的政策、意识、文化。"绿色中国"以深度融合创新授课模式走红校园，是湖北省内职业院校最早进行"课程思政"探索与开发的课程。（8）与课程相关的规范、仪式、教学流程。比如，上课喊起立，实训穿工作装。

学科思政

组建马克思主义学院。在思政教育部的基础上，组建马克思主义学院，并落实建设标准，用林业生态的语言讲述新时代中国特色社会主义理论。

上好思想政治理论课。按照中央确定的课程方案开设课程，落实思想政治理论的课程、学时和学分，明确思政课的核心教学任务：统一认识，匡正思想，弘扬国家主流价值观和意识形态。

培育特色品牌思政课。将思想政治理论课与学校行业办学特色、育人特色相结合，建设"绿色中国"特色思政课，[27]形成"大国工匠"、"生态文明"、"技能中国"等"配方"新颖、"工艺"精湛、"包装"时尚的品牌课。

推进思政实践教学。统筹社会实践活动、志愿服务、军事训练等思想政治工作的实践教学，落实学时学分、教学内容、指导教师和专项经费。实践教学原则上覆盖全体在校学生，建设相对稳定的校外实践教学基地。

开展马克思主义教研。围绕进一步办好高等职业院校思想政治理论课，深入研究思想政治理论课教学重点难点问题和教学方法改革创新。坚持用马克思主义的政治性引领学理性，用彻底的学理性强化对马克思政治性的价值宣扬，真正做到围绕学生、关注学生，满足学生成长发展需求和期待。

环境思政

环境思政就是建设良好环境，用良好的环境来影响人，环境思政是一个历史积累的过程，是一个主动建设营造的过程。

净化政治生态环境。加强作风建设，落实党委意识形态工作责任制。把规范管理的严格要求和春风化雨、润物无声的教育方式结合起来，推进依法治教，强化科学管理对道德涵育的保障功能，营造治理有方、管理到位、风清气正的育人环境。

优化校园文化环境。校园的教育环境不仅是育人的条件，也是育人的手段。坚持价值引领，推进中华优秀传统文化教育，实施"生态文明进校园"、"校园文化传承创新发展行动计划——非物质文

---

[27] 2019年5月，该课程的教学案例——《让生态滋养心灵：〈绿色中国〉特色思政课》获得全国林业职业院校思政课程"十佳教学案例"。

化遗产活态传承"等精品工程，将社会主义核心价值观主题教育与学校文脉传承、时代精神培育有机融合，注重发挥文化的浸润、感染、熏陶作用，挖掘校史校风校训的教育功能。

美化校园硬件环境。建设美丽生态校园，实现校园山、水、园、林、路、楼、馆建设达到使用、审美、教育功能的统一，使校园文化能够"看得见、摸得着、感受到"。开展文明校园创建，以重点工作为抓手，实现了"物质文明，精神文明，政治文明，生态文明"四个文明齐头并进。

亮化典型示范环境。协同营造学校思想政治工作的良好宣传舆论氛围，开展师生思想政治工作先进典型的宣传。发掘培育学生和教师中典型，形成典型养成环境，发挥先进典型群体的"联排效应"和"示范效应"。

细化安全稳定环境。落细安全稳定管理制度，做实安全稳定工作。引导师生增强网络安全意识，遵守网络行为规范，养成文明网络生活方式。统筹谋划网络建设、网络管理、网络评论、网络研究等方面的建设工作，强化网络意识，提高建网用网管网能力。加强师生网络素养教育，开展有针对性的培养培训。建设校园网络新媒体矩阵，培育新媒体教育品牌。

从特色治理的角度来说，"五个思政"实现了林业职业院校立德树人工作从单一的育才体系向全方位的全员育人体系构建，按"大思政"教育格局，形成系统的思政教育体系，落实立德树人根本任务，以高水平的思政教育支撑高质量的人才培养工作。它关乎学校思政工作的主体、客体、载体和整体，囊括了思想政治工作的"关键环节"。

第四章
抓教育教学特色

法国社会学家、教育家涂尔干曾言：获得知识并不包含获得将知识传递给他人的技艺，甚至不包含获得确立这种技艺的基本原则。这既说明教学的重要性，又反映出教学的复杂性。

职业院校的使命和责任是为社会培养人才。但很多学校重教育教学理念，轻教育教学行动，以至于理念喊得多、行动做得少、形不成特色。湖北生态工程职业技术学院党委以"一把手"工程引导学校领导和教师深刻认识教育工作和人才培养的重要意义，构建科学系统有效的评价体系，把教学工作、素质培养、促进学生全面发展等一系列重要培养目标，分解成在培养过程、教学环节中可以衡量的要素，落实在教师晋职和岗位聘任的评价指标中，体现在学校各类评价和绩效考核的成效中，使人才培养工作真正落在实处，落实在统一行为中，落实在看得见的培养过程中。学校党委承担主体责任，将"抓教学"三个字写在教育教学全过程中，逐渐形成了党委抓教育教学的特色。

党委抓教育教学：建立教育教学体系

一切教育的落脚点都是学生，要以学习者为中心改革教育教学。学校着眼林业职业教育人才培养的理念坚守和价值追求，在教育教学体系建立中因校制宜，突破培养模式、创新教学形态、变革课程内容、推进文化育人品牌、立足于教师发展，深化教育教学体系改革，通过多年对教育教学规律的实践和探索，构建出了教育教学五个方面，每个方面均含三项内容的"五·三"框架体系，包括基础体系、平台体系、评价体系、组织体系、保障体系，从分散式的教育教学体系，转变为集成化的教育教学体系。**使每一位教职工都成为教育教学体系上的一环**。并从四个方面规范了教学管理：完善技能大赛管理制度，印发《重点职业技能赛项专项奖励办法》，大幅度提高了奖励额度。规范教学项目管理，陆续出台了《教学研究项目管理办法》《创新发展行动计划实施方案》《现代学徒制试点工作实施方案》《关于规范教学项目库建设与管理的通知》《教材建设管理办法》等，实现教学项目规范化、程序化、动态化管理。规范教师梯队管理，形成了系主任＋教研室主任＋骨干教师的教师梯队建设模式，在一定程度上解决了原有教师梯队管理模式梯队职责不明确、考核不严格等问题。制定了《学分制管理办法》《专项学分认定办法》，实施学分制教育教学制度，为今后通过"学分银行"进行学分认定和进行终身学习奠定了基础。

根据教学教育体系框架，以问题为导向，学校进一步梳理了教学教育改革的关键要素，明确各改革项目、要素的目标、任务和职责，持续深化教学教育体系改革。如前面所述，教育教学体系使每一位教师都成为其中一环，确保了全员育人这个关键前提。

湖北生态工程职业技术教育教学"五·三"体系

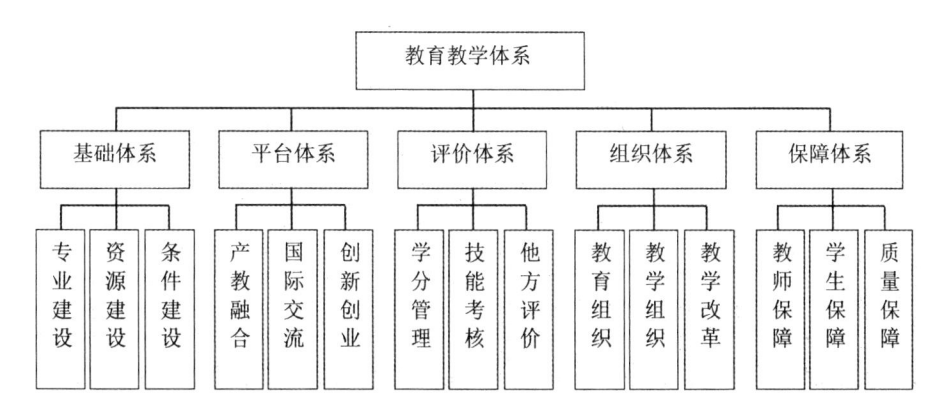

```
                        教育教学体系
    ┌──────────┬──────────┼──────────┬──────────┐
  基础体系    平台体系    评价体系    组织体系    保障体系
  ┌─┼─┐      ┌─┼─┐      ┌─┼─┐      ┌─┼─┐      ┌─┼─┐
 专 资 条    产 国 创    学 技 他    教 教 教    教 学 质
 业 源 件    教 际 新    分 能 方    育 学 学    师 生 量
 建 建 建    融 交 创    管 考 评    组 组 改    保 保 保
 设 设 设    合 流 业    理 核 价    织 织 革    障 障 障
```

湖北生态工程职业技术学院教学教育"五·三"体系要素表
（1）基础体系

序号	体系	项目	要素	目标	任务
1	基础体系	专业建设（优化专业结构，打造特色品牌专业）	专业设置与调整	建立"数量适中、规模适度、布局合理"的专业体系。	对已开设专业进行评估，提出专业设置与调整方案，不断优化和调整专业结构及方向，确定招生专业。
2			人才培养方案制定与调整	深化专业教学改革，优化各专业人才培养方案。	完成关于修订人才培养方案的原则性意见，组织召开人才培养方案研讨会，完成人才培养方案汇编。
3			课程标准与教学设计	深化课程改革，完善各专业核心课程标准。	完成关于制定专业课程标准的原则性意见，组织召开专业课程标准研讨会，完成课程标准汇编。
4		资源建设（完善教学资源库）	课程资源库	建立完善各专业课程资源库。	加强微课、慕课、在线网络课程等信息化教学资源建设，深化信息化教学改革，促进信息技术深度应用。
5			拓展资源库	建立完善各专业拓展资源库。	加强各专业行业标准、职业认证、信息资源、工程项目等拓展资源库建设。
6			特色资源库	深化课程改革，强化课程特色。	加强各专业生态文化馆、数字标本馆、数字模型馆、3D导游馆等特色资源库建设。
7		条件建设（教学条件满足教学要求）	实习实训条件	教学条件基本满足实习实训要求。	根据教学需要，加强各专业实验实训室建设和现有实验实训室维护和管理。
8			教学设备	教学设备满足学习要求。	根据教学需要及时更新采购教学设备，加强教学设备的维护和管理。
9			图书	图书资源丰富。	加强现有图书馆藏书及卫生环境管理，积极组织开展各类教育活动，加强数字图书资源建设。

（2）平台体系

10	产教融合（深化校企合作，产教融合）	校企合作	校企合作形式更加多样，内容更加丰富，关系更加紧密。	深化校企、校地、校校合作，促进产教融合。
11		社会服务	突出社会服务，强化办学特色。	加强科技创新及服务管理团队建设，组织师生做好社会服务工作。
12		技术开发	技术开发水平突出。	组织教师进行技术研发。
13		继续教育	加大继续教育培训服务力度。	开展非全日制专升本培训工作。
14	平台体系	对外交流（推进实质性国际交流与合作）	教师交流	加强国际间教师交流学习。	选择1—2家国（境）外高水平院校进行交流学习。
15			学生交流	加强国际间学生交流学习。	开展"一带一路"沿线国（境）外高水平院校建立学生交换、学分互认等合作关系。
16		合作办学	加强国际交流与合作。	引进优质教育资源。
17	创新创业（促进学生就业创业）	创新创业	创建省级创新创业示范基地。	建设创新创业孵化基地，促进学生就业创业。
18		就业	做好毕业生就业工作，确保毕业生就业质量和就业率。	制定毕业生就业创业工作方案，做好就业服务工作。

（3）评价体系

19	评价体系	学分管理（调动学生学习的积极性，提供自主学习空间）	课程学分	调动学生积极性、主动性和创造性，为学生提供更大的自主选择学习空间。	完善学分制管理办法，严格执行学分制管理。
20			专项学分	培养学生创新创业意识和实践能力，激励学生参加各项实践活动。	制定专项学分认定管理办法，严格执行组织专项学分认定。
21		技能考核（提高学生职业技能水平）	职业技能大赛	通过大赛推动实践教学改革，进一步提高学生职业技能水平。	组织，参加各级各类职业技能大赛，进一步提高学生职业技能水平。
22			技能鉴定	提高学生获取符合专业方向的职业资格证书比例。	组织完成职业技能鉴定工作。
23		他方评价（检测评估人才培养质量）	毕业生培养质量评价	完善毕业生培养质量监控与评估体系，推动教学改革。	委托第三方实施应届毕业生培养质量评价项目。

（4）组织体系

24	教育组织（教育组织规范有序）	学籍管理	规范学生学籍管理。	严格执行学生学籍管理制度，做好学生学籍管理。
25		数据采集平台	加强数据采集平台建设与管理，及时发布人才培养质量年度报告。	完成人才培养工作状态数据采集工作，及时发布人才培养质量年度报告。
26		评估平台	加强评估平台建设与管理，及时发布适应社会需求评估报告。	完成学校适应社会需求评估平台的填报工作，及时发布适应社会需求评估报告。
27	教学组织（教学组织规范有序）	教学安排	保证正常教学秩序。	利用教务管理系统，做好日常教学运行管理。
28		课堂教学组织	深化课堂教学改革，突出课程特色。	加强课堂教学检查，组织开展课程改革。
29		实习实训组织	规范和加强学生实习实训工作，提高技术技能人才培养质量。	组织学生认知实习、跟岗实习和顶岗实习活动。
30	教学改革（持续深化教学改革，突出办学特色）	质量工程	强化内涵建设，彰显办学特色。	聚焦内涵质量建设，做好省级以上教学质量工程项目的申报、验收及绩效评价工作。
31		教学研究	调动教师参与教学研究的积极性和，提高教学研究水平。	规范教学研究项目的管理。
32		人才培养模式改革	深化教学改革，创新人才培养模式。	组织开展现代学徒制、小班教学等试点，完成百强课改任务，全面创新人才培养模式改革。

（5） 保障体系

33	教师保障（加强师资队伍建设，切实提高人才培养水平）	师资队伍管理	建立一支德才兼备的高素质教师队伍。	加大人才引进和培养的力度，加强师资队伍管理。
34		师德师风建设	落实立德树人的根本任务，完善师德师风评价体系。	开展师德师风教育活动，进一步强化师德师风教育。
35		教师考核	加强教师考核，积极营造良好教风。	发挥教师教学业绩考核评估实效，注重教师教学能力的提升。
36		教师培训	提升教师专业教学水平和实践能力。	实施教师素质提高中长期培训计划。
37		教师梯队	建立一支适应学校发展需要的高素质教师队伍。	加强教师梯队管理，深化教师梯队考核改革。
38	学生保障（加强学生管理，丰富校园文化建设）	日常管理	提升学生管理工作的能力与水平。	加强学生管理，积极开展第二课堂学生活动，提高学生综合素质。
39		自我管理	完善学生自主管理运行机制，优化学生自主管理体系。	继续完善学生自主管理运行机制。
40	质量保障（构建质量保障体系，提高人才培养质量）	教学诊断与改进	建立内部质量保障体系。	全面深入开展教学工作诊断与改进工作。
41		信息化建设	实现校园网络全覆盖。	加强信息化设施设备建设。
42		教学管理队伍能力提升	提升教学管理效率和信息化管理水平。	实施教学管理人员能力提高工程，把握好日常工作的制度依据，不断提高教学管理的业务水平。
43		教学教育管理协调机制	形成科学、严谨、规范、高效的教育教学综合管理体系。	建立教学教育部门统一协调工作机制。

党委抓教育教学：打造专业教学标准

标准就是"规矩"，是在一定范围内为了获得最佳秩序，经协商一致制定并由公认机构批准，共同并重复使用的一种规范性文件。[28] 现代职业教育作为一种教育类型，要促进健康发展，推进规范化管理，就需要建立具有职业教育特色的标准体系。其中，教学标准是现代职业教育标准体系的重要组成部分。标准是教育质量提升中的基础性作用，教学标准是开展专业教学的基本文件，是明确培养目标和规格、组织实施教学、规范教学管理、加强专业建设、开发教材和学习资源的基本依据，是评估教育教学质量的主要标尺，同时也是社会用人单位选用职业院校毕业生的重要参考。[29] 湖北生态工程职业技术学院依据国家教学标准体系要求，形成了"内容完整、门类齐全、上下衔接"的教学标准体系。最大的特点是课程标准来自需求侧（产业），而不是供给侧（学校）。宋丛文提出要**围绕专业群人才培养目标，制定专业标准、人才培养方案、课程标准、顶岗实习标准**，并开展职业岗位、工作过程及职业能力分析，以此为依据确定教学质量评价标准，依据国家标准研制专业层面教学文件，呼应了国家职业教育改革实施方案的有关要求。[30] 先后完成了专业人才培养方案的编制工作，具体指导学校在有关专业教学实施过程中落实国家标准，依据国家标准研制课程层面教学文件。先后完成了100门专业课程标准的开发工作，完成核心课程标准的专业全覆盖。依据国家标准研制技能教学标准，开展了职业教育技能教学标准编制工作。宋丛文反复说，**课程标准要回答六个问题，课程在专业中起到什么作用，课程要教给学生哪些知识点，教给学生哪些技能点**，这些知识点和技能点要通过多

---

(28) 王敏华等：《标准化教程》[M].北京：中国计量出版社，2013，(12)：22, 35-36。
(29) 杜怡萍：《论职业教育专业教学标准建设的标准化》中国职业技术教育，2018 (11)。
(30) 国务院关于印发国家职业教育改革实施方案的通知（国发〔2019〕4号）要求，将标准化建设作为统领职业教育发展的突破口，完善职业教育体系，为服务现代制造业、现代服务业、现代农业发展和职业教育现代化提供制度保障与人才支持。

少课时量传授给学生，如何考核学生，如何对课程反馈评价。

实践中，湖北生态工程职业技术学院将课程教学标准研制分解为供需调研、职业能力分析、课程体系构建、标准编制四个环节，并形成循环系统。

课程标准研制的四个环节

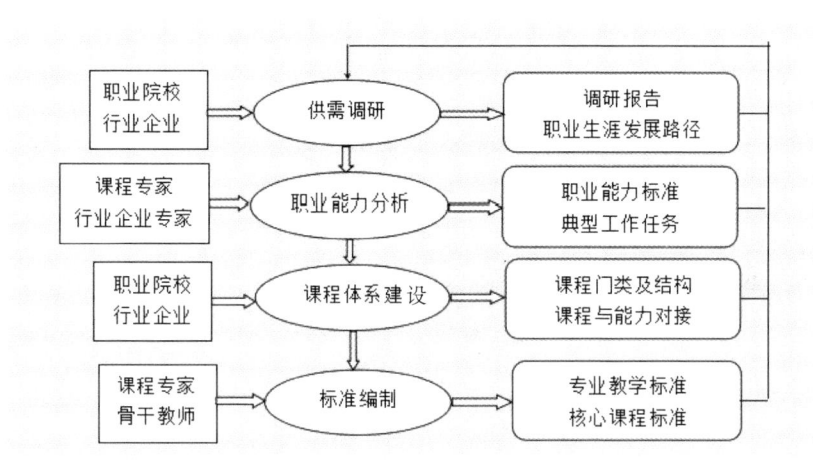

输入	环节	输出
职业院校 行业企业	供需调研	调研报告 职业生涯发展路径
课程专家 行业企业专家	职业能力分析	职业能力标准 典型工作任务
职业院校 行业企业	课程体系建设	课程门类及结构 课程与能力对接
课程专家 骨干教师	标准编制	专业教学标准 核心课程标准

供需调研环节。每年组织实施行业企业调研，对每个专业的供给和需求进行对比，供给情况即规模、教师、课程、教学、评价等方面的情况；需求情况即人才需求、能力要求、资格证书要求、岗位变化等方面情况，从而确定各专业的岗位群及职业生涯发展路径，厘清教学存在的问题和面临的挑战，为后续专业建设工作打下扎实的基础。学校在2019年开设茶艺与茶叶营销这个新专业里看出，学校从陆羽茶文化协会座谈会了解了企业单位的用人需求，用两年时间策划了这个新专业的诞生，足以体现出学校从需求设专业，进行科学的专业设置。学校已多年开展产教融合的教学模式，与优质企业合作开展校企合作"订单班"，校企双方充分发挥各自优势，整合优势资源，实现招生与招工同步、教学与生产同步、实习与就业联体，毕业生基本实现"入校即就业"。同时，学校还发挥行业办学优势，紧密对接生态类发展的产业链，从新专业推广产业链教

学，通过对茶树种植、茶树培养、采茶技术、茶叶炒制、茶叶鉴赏、茶艺以及茶叶营销进行完整的教学，学生可以从产业链的任何一个环节找到工作。

职业能力分析环节。针对专业所对应的岗位群及其发展路径，依托行业企业专家开展职业能力分析，借鉴国内外职业能力研究成果，形成专业所对应的职业能力标准，确定典型工作任务。

课程体系建构环节。以供需调研为基础，以职业能力分析为重要依据，关注学生的认知规律，尤其是职业生涯发展要求，以职业能力培养为目标，将工作领域的能力要求转化为学习领域的课程，构建专业课程体系，包括确立课程门类及结构。

标准编制环节。组织教师撰写专业教学标准和课程标准的文本，首先制定统一的、规范性的文本模板，保证教学标准和核心课程标准形式结构上的一致性。教学标准内容结构主要包括培养目标、职业范围、人才规格、课程结构、课程内容及要求、教学时间安排、教学基本条件、教学实施建议等内容。课程标准内容结构主要包括课程目标、课程设计、课程结构、资源开发与利用、教学评价等内容。基于前三个环节，尤其是将能力转换为课程之后，编制教学标准和课程标准已有扎实的基础，标准形成也水到渠成。

值得说明的是，这四个环节相互联系，循环往复。尤其是标准实施过程中，在保证标准的稳定性同时，每年适度修订，修订工作也按照这一路径开展，促使了教师的教学行为发生根本改变，规范引导教师自觉地在课前、课中、课后不断地对照课程标准"对标找差"，根据学生应该达到的学习结果来确定教学目标，设计教学过程，组织教学内容，评价学生。

党委抓教育教学：强化培养模式创新

人才培养模式是一面镜子，它折射出林业职业教学改革的探索精神、实践成就与理论水平，是林业职业院校凸显特色的重要方面。宋丛文有两句很朴实的话：**在对待学生的态度上，每一位教师要么把学生视为自己的子女，要么把学生视为客户**。我们现在的师生关系，只是在课堂上才见面。有人说"师生如父子"是封建的东西，其实"父子关系"——师父师父，学子学子，师就是父，学就是子——是不能简单地否定的。通过这种关系构建一种亲情，然后达到融洽的关系。如果教师视学生为子女，以身示范，以德育人，以识化人，师道不立自威。学生是顾客，学校课程的多样性是服务，根据不同需求享受学校的师资、课程等带来的服务。学校主要由三个方面的因素构成：学校环境（包括一切软硬环境）、师资和学生。串成一句话就是说"学校师资利用学校环境来服务学生"。可见，学校的中心是学生，一切工作都要围绕着学生进行。

需要按照人才培养目标与人才需求目标一致、人才培养内容与技术发展状况一致、人才培养方式与受教者发展一致、人才培养手段与实际职业岗位一致的原则要求，创新人才培养模式。

以实践能力为主调整课程体系。对原有的专业本位课程体系破旧立新，推行工学结合模式。大力推行根据职业标准建立的、以能力为本位、注重技能培养的模块化课程体系。同时，建设一批理论与实训相融合的一体化的校本教材，作为教学改革思想的载体，进入新课程体系。

以企业需要为主确定培养目标。以企业需要为出发点，根据用人单位提出的人才需求标准、数量和培养期限，开展教育教学活动。追求校企互利共赢，强调职业教育在经济社会特别是行业、企业中的服务功能。

湖北生态工程职业技术学院技能人才培养逻辑路径

起点	目的	目标
行业、产业调研	对接产业设置专业	培养高素质劳动者和技术技能人才
校企合作产教融合	资源整合	共建专业共育人才
课程体系开发	对接行业、职业、工作，实现工学结合	能力本位的课程体系
教师团队建设	服务能力本位课程体系的教师团队	专兼结合的双师素质教师团队
实训基地建设	服务能力本位课程体系的实践条件与环境	生产性实训基地
教学模式的改革	培养职业能力	教学做一体化
教学质量的评价	实现专业培养目标	过程评价+终结评价、多元评价、学生习得成果评价

以实训基地为主培养专业技能。校内外实训基地是林业职业教育的重要场所。以推行工学结合职教模式为契机，促进学校生产型实训基地的建设，有效地将企业文化、企业资源整合为教育力量，促使办学水平整体提升，带动学生专业技能和职业能力的大幅提高。

强化行业办学的特色。职业教育要发展，必须依托行业、产教结合、紧贴经济、融入社会。工学结合职教模式为行业参与办学提供了平台。协同林业行业共同确立办学定位、管理体制和发展规划；要争取行业主管部门支持，为学校提供人、财、物的保障；贴近林业行业的需要，为行业服务，实现行业提出的目标。

推行学分制度。学校党委认为，随着学分银行的启动，学年制不利于学生实践能力的培养，引入学分制非常必要。学分制以弹性的教学计划和学制代替刚性的教学计划和学制，通过制定具体的学分标准，打破专业的限制，让学生在专业课程中自由选择，寻找到有利于自身发展的方向。学生根据自身的特长和兴趣，发挥优势和长处，实现个性化发展，提高知识水平和技术水平，形成较强的就业竞争优势。推行以学年与学分相结合的人才培养制度，推进与学分制相配套的课程开发和教学管理制度改革，建立以学分为基本单位的学习成果认定积累制度，实现了教学内容理论与实践的结合，将学生培养成为"毕业就能工作，工作就能出彩"的实用型人才。同时也为国家建立"学分银行"，实行学习成果认定、学分积累和转换探索路径、积累经验。

通过信息化建设提高管理效能。建立了"三全两高一大"信息化机制[31]，促进信息技术与教育教学深度融合。强化管理信息化整体设计，完善信息化校园基础平台建设，实现教学、学生、后勤、安全、科研等管理的信息化，形成统一门户、统一数据、统一身份的一体化平台。健全管理信息化运行机制，健全基于信息化的管理制度，加快系统集成，促进数据资源互融共享，建立系统的校本数据中心。加强信息更新维护，提升管理信息化应用能力，提升教职工信息化意识和应用信息化手段的能力。

完善以就业为导向的评价体系。围绕特色专业群人才培养目标，开展职业岗位、工作过程及职业能力分析，以此为依据，确定教学质量评价标准。吸纳行业企业参与人才培养质量的评价与监控，将就业水平、企业满意度作为衡量人才培养质量的核心指标。

---

(31) "三全两高一大"教育信息化体系，即实现教学应用覆盖全体教师、学习应用覆盖全体学生、数字化校园建设覆盖全校; 信息化应用水平普遍提高、师生信息素养普遍提高; 建立系统的校本数据中心。

党委抓教育教学：构建以赛促教机制

"美丽事业的建设者"需要有服务生态文明建设的"技能"。著名的教育家黄炎培说：职业教育不唯着重在"知"，尤着重在"能"。一个时代有一个时代的主题，一代人有一代人的使命。技能大赛是办学的一个方向标，是市场需求人才类型的一个航标灯。职业技能大赛一方面检测着职业教育改革和发展的成果，展现着职业院校师生良好的精神风貌和娴熟的职业技能，另一方面也像杠杆一样"撬动"了职业教育各个方面的改革和创新。2013年，学校党委书记宋丛文带领"一班人"和全体师生勇做新时代的教育转型奋楫者，发扬工匠精神，融合"国赛"、"世赛"。在工作中推进了校、省、国家、国际四级技能竞赛体系与机制建设，实现了所有专业、所有学生、全体专业教师技能竞赛全覆盖，为师生创造了良好的实训空间和机会。正因为如此，学生才有机会在全国同行中崭露头角，出现技能人才成长中的"共生现象"。学校连续三年承办省级技能竞赛——湖北省插花花艺大赛，成为第44届、45届世界技能大赛中国集训基地，被评为世界技能大赛突出贡献单位，成为培养世界技能大赛金牌选手的实训基地。

参与世赛，做职业教育改革的"先行者"

以赛促教，赛教融通。世界技能大赛更像是一种标准、一把衡量职业教育质量的"戒尺"。早在2008年教育部发起全国职业院校技能大赛时，学校就组织师生参赛，并在省赛、行业赛和国赛等技能大赛中取得成绩。"美丽中国"建设要求学校向更高端育人层次攀登。学校党委意识到，世赛在弘扬工匠精神、培养大国工匠、推动中国经济转型升级中发挥着不可替代的作用。湖北省高度重视世赛工作，出台了一批文件和措施，为湖北世赛工作的有效开展创造了政策支持、资金帮扶、奖励激励。湖北生态工程职业技术学院党委意识到作为行业职业院校的责任担当，将参与"世赛"作为学校教育教学改革的重要抓手，积极投入到"世赛"的**"选苗、培苗、育苗和送苗"**的工作中来，做职业院校教育改革的"先行者"。**"我们很早就引进了世界技能大赛，之所以如此重视，并不是贪图他的荣誉，而是因为他的模块众多，可以对学生的知识和技能进行全方位、深层次、渗透式的考查，对学生十分有益"**，宋丛文说。

　　世赛项目很多，普遍撒网、全面开花是很难取得满意效果的。湖北生态工程职业技术学院作为有着60多年办学历史的林业行业职业院校，在林业相关专业建设上有着深厚历史积淀，在人才、技术、设备等多方面具有较大的优势。为此，学校以行业为基础，开始走出去调研，到全国知名的集训基地去参观，多方查阅世赛资料，最终确定了参赛方向为第44届世界技能大赛我国首次参加的花艺项目。确定后，学校依托校企合作，组建了由行业专家和学校老师为团队的核心教练群，在学校园林建工学院迅速开展参赛选手选拔。并针对选拔出的选手特点，对接世赛标准，从花艺的设计理念、色彩理论、构架构图和技艺技法等入手，攻坚花束设计制作、房间装饰、切花装饰等8个模块的比赛内容。2017年，15级学生徐薇、吴文霖等组成的参赛代表队，代表湖北在第44届世界技能大赛花艺项目全国选拔赛中脱颖而出，夺得全国总分排名的第二名和第三名的好成绩，打赢了首场技能创新攻坚战。学校也被人社部确定成为"第44届世界技能大赛（花艺项目）中国集训基地"。集训基地培养的选手在第44届、45届世界技能大赛花艺项目上夺得金牌。

　　一场"世赛"，几多收获。载誉归来的年轻学生并没有沉浸在获奖的喜悦中，他们将目光瞄准未来的职业技能提升上，带领更多学生投入到了加快林业职业技能培养发展的创新实践中。"参加世界技能大赛，为学生们提供了展示创新能力的机会，也打开了了解世界的窗口，这对他们今后的学习与研究大有裨益。"党委书记宋丛文说，把学校全面建成全国一流职业院校，必须拓展师生的国际视野，瞄准世界一流创新实践。

实战世赛，做技能人才培养的"试金石"

赛项全覆盖，能力大提升。学校总结第44届世界技能大赛的参赛经验，以技能大赛作为学校培养技能人才的重要途径。学校结合国家和湖北省参加世界技能大赛的计划，以学校特色、优势项目为基础，在全校范围内进行全赛项、全覆盖、全方位的技能比赛。通过"校级"的技能比赛来定项目、选苗子、带队伍、提质量，最终经过几轮赛事后，学校的家具制作、木工、花艺、园艺4个赛项从"校级"技能赛项中脱颖而出，获得了"世界技能大赛省级集训基地"，7名选手也成为世界技能大赛的"省队选手"，学校5名教师成为世界技能大赛全国选拔赛的专家裁判。学校其他赛项和选手在技能比赛的"循环"中也取得了突出成绩，在近两年的省赛、国赛中，获得各类技能比赛奖项50余项，创历史新高。

世赛推教改，职业特色显。参加世赛全面推动了教育教学改革。学校按照世赛培养高技能人才的新标准，完善自身的教学水平，推动了新一轮的教育教学改革热潮。通过参与世赛，进一步开阔了学校教学改革思路，把理论知识融入到技能训练当中，通过梳理知识脉络，将所有专业的课程进行模块化的分类教学，成为学校技能教学的特色。学校对接世赛项目技术标准，制定开设课程和设计课程执行的技术标准，特别注重学生实际操作能力培养，努力让所有学生都具备较高的技能。在湖北省教学诊断与改进抽样复核工作中，

学校的技能培养促教学改革得到了复核专家一致赞扬。(32)

建设基地，做涵养工匠精神的"训练场"

宋丛文表示，**"大赛提升了学生的实践操作技能，培养了他们的工匠精神，达到'以赛促教、以赛促学、以赛促改、以赛促建'的目的。"** 他们是这样说的，也是这样做的。作为世赛的国家集训基地，学校不仅承担了对接"世赛"做好选手日常训练选拔的工作和服务"世赛"做好国家队队员集训的工作，更挑起了宣传推广"世赛"传承中华优秀文化传统工匠精神的义务。

学校对接世界技能大赛，年年有投入，高标准打造世赛中国集训基地，建设功能完善的世赛场地，搭建设施齐全的训练环境。近两年，该校改进完善了花艺实训室、新建了园艺实训场、配置了世赛标准的木工实训设备等，投入达800余万元。基地在培养人才过程中，特别注重选手操作过程、操作规范及安全生产意识的培养，并将这些职业能力理念引入日常教学，培养出的人才不仅具备高超的技能，更具备精益求精的工匠精神。学校的教师参与世赛，倒逼教师在实践中了解产业发展、行业需求和职业岗位变化，教师专业知识得到巩固和升华，技术技能得到提高，职业素养得到提升，职业院校教师所需的"工匠精神"也得到锤炼。培育一流技能人才，建设一流职业学院，学校融合"国赛"、"世赛"，把塑造工匠之师作为立德树人的根本任务，通过教师的榜样示范引领和优良师德师风的化育作用，授艺学生成为立大志、入主流、干成事的可用之才，打通了立足社会就业创业的"最后一公里"。

职业技能竞赛对林业职业院校的教学内容、教学方法、教材选用都起到了风向标的作用。首先，职业技能竞赛以完成工作岗位的

---

(32) 根据"全国诊改专委会2019年第一次全体会议"资料显示，湖北生态工程职业技术学院作为8所高职院校诊改复核之一，以"党建"引领诊改成为推动教学诊断与改进的特色做法。

任务或相关内容来确定比赛项目、比赛内容和规则，要求参赛选手要达到熟练、准确、精湛和高质量，因此林业职业院校的教学内容可以选用竞赛内容。其次，传统的课堂教学方法不利于学生实践操作技能训练，职业技能竞赛的项目设置、评判标准的制定上，对理论考核和实践操作二者兼顾，各有侧重，并且对实践操作能力要求更高，因此职业院校必须改革教学方法，突出"做中学、做中教"的职业教育教学特色，进而形成"以赛促练、以赛促改"的"做学教一体化"教学模式。最后，林业职业院校在参加职业技能竞赛的过程中，仅依靠专业教材来训练参赛学生是不够的，必须开发新的校本教材，内容包括最新操作工艺、安全知识、环保概念、节能措施、心理素质、人文素质、企业文化等。

"人人皆可参赛，个个皆能成才"，以赛促学的理念根植到了学生的心田。学校及时收集各种技能大赛信息，从学生一入学就把备赛参赛作为就业创业教育的内容之一，纳入到人才培养的整体方案中，突出了就业创业教育工作在人才综合素质培养中的主体地位。

作为教育教学活动的一种重要形式和有效延伸，在实践中湖北生态工程职业技术学院形成了"一条理念、两项制度、三个平台、七个转化"技能大赛促进教学的机制。

形成一条理念。技能竞赛在某种意义上反映出林业职业院校教育改革的效果，能够成为职业院校的领导提供决策的依据。专业教师在技能竞赛中还能够相互交流，学生也能够有比较充足的展现自己的舞台，这对林业职业院校的发展和进步都提供了基础。但是值得关注的是，教学和竞赛还是存在一定的差别，竞赛是对学生技能的一个强化训练，教学则是面向全体学生，并进行普及性的技能培训，是一种平民化的教学实践。因此，针对职业技能竞赛，学校党委书记宋丛文教授反复说：应该树立一个正确的观念，**"对接国赛世赛，实现专业全覆盖、师生全覆盖"**，保证以赛促教、以赛促改的职业教育观，只有这样才能促进学校高质量发展。

构建两项制度。湖北生态工程职业技术学院一方面构建促进教师广泛参与的制度。对于专业教师而言，参加技能大赛，接受大赛的锤炼，是提高专业技能水平的有效途径之一，是提高学生操作技能、保证教学质量的关键。学校建立教师教育教学能力测试制度，以制度为约束，要求教师参与大赛的过程指导，以保证建立一支质量达标、结构合理、专兼结合的指导教师队伍。同时，从制度入手，从根本上彻底转变"重理论、轻实践"的教学观念，要求教师指导大赛的全过程，与实训课程紧密结合，重视学生实践能力的培养。另一方面构建促进学生积极参与的制度。在每年5月第二周"职业教育活动周"，开展校级技能大赛，做到师生全参与、专业全覆盖，克服了只抓少数尖子学生搞面子工程的现象，同时，学校也建立了过程考核机制，不同于现在的本科院校考试，一纸定论，而是在学校过程中进行考核。

搭建三个平台。构建师生广泛参与的常规化平台，推进教学内容与技能大赛的融合。把技能大赛的常规化、常态化作为日常教学工作的重要内容，以教学内容的改革作为突破口，推进教学内容与技能大赛的融合。同时，让学生真切感受到技能大赛离他们的行业很近，对他们今后适应岗位工作有很大帮助，这样学生才能有兴趣主动学习。这就要求教师必须时刻关注行业发展的前沿，更新适合知识经济和信息社会发展的教学材料，使教学的内容由一元向多元发展，由呆板型向活泼型转变。同时，要重新定位专业培养目标，把高素质劳动者和技术技能人才的培养真正落到实处。最后，重构专业课程体系，改革教学内容，主要是把技能大赛作为教学内容更新的重要依据。

搭建教学方案设计平台，促进教学理念更新和教学方法改进。全国职业院校技能大赛是理论与实践相结合的重要途径，在全国技能大赛蓬勃发展的同时，教师认识到教学改革势在必行，教学设计应该进一步完善，以适应大赛，以实践能力培养为教学目的。在教学设计中，教师更应尊重学生的主观需要，以学生为中心，建立学生能力本位教学观，开展教学活动。同时，教师也应该认识到，没有一种固定的教学方法和教学模式能够保证达到好的教学效果，教师应在教学设计时特别重视教学理念的更新和教学方法的完善，不断改进教学，学习和吸收国内外教学研究成果，同时研究和探索适合不同学生的方法。因此，学校、二级学院应首先健全教学管理体制，完善专业课程的教学设计，促进教师教学理念的更新和教学方法的改进，发挥教师的主体作用。

强化校企合作平台，实现校企合作"双赢"。校企合作是学校谋求自身发展、实现与市场接轨、大力提高育人质量、有针对性地为企业培养一线实用型技术人才的重要举措，是让学生在校所学与企业实践有机结合，让学校和企业技术实现优势互补、资源共享，以提高育人的针对性和实效性，提高技能型人才的培养质量。由于政府及有关主管部门的大力倡导及学校自身发展的需求，我国的职业院校也都努力探索校企合作的有效途径，但校企合作尚缺乏必需的机制、体制、政策环境，企业参与校企合作的积极性普遍不高。但是，学生技能大赛找到了校企合作的兴奋点，实现了校企合作双赢的局面。首先，企业为了扩大自己的影响、提高企业的知名度，纷纷主动以各种形式参与技能大赛。企业赞助学生技能大赛不仅能扩大自己的影响、提高企业的知名度，而且也会有很大的收益；其次，企业代表亲临比赛现场，选拔自己需要的最优秀的技术能手。同时，企业通过赞助学生技能大赛和帮助学校建设实训基地，也为自己培养了潜在的客户，开拓了潜在的市场，宣传了自己的产品。

实现七条路径

竞赛赛项向专业建设方向转化。学校的内涵建设的重点环节和关键环节就体现在专业建设方面，专业的下位观念是专业方向，专业方向在技能竞赛活动中具体体现的就是竞赛项目。在技术环境建设中，项目设置是发挥技能竞赛导向功能的关键环节。因此，技能竞赛的项目设置和学校的专业建设密切相关，技能竞赛的导向功能首先就是体现在技能竞赛的项目设置上。面向人才培养目标、质量规格或开办新的专业方向，通过产业发展趋势分析，对接国家赛项，开发校级赛项，增加新赛项，淘汰老赛项，促进专业结构调整，实现主体专业与支柱产业从少数适应到整体适应。

通过赛事驱动专业建设改革需求，研究总结提炼专业建设路径。每年技能大赛的赛项设置都能紧密联系生产实际和产业热点，及时反映并结合区域经济发展趋势和企业需求，有效引领专业结构调整和专业教学改革。技能大赛促进了专业结构优化，比如，学校在获得全国技能大赛大气环境检测与治理技术一等奖的基础上环境规划与管理专业开办了测绘地理信息技术、古建筑工程技术、木工设备应用技术、信息安全与管理、茶艺与茶叶营销专业，带动了学校专业布局的整体转型与优化，也促进了新办专业的内涵建设，提升了专业服务产业能力。

竞赛内容向课程教学转化。职业技能竞赛以完成工作岗位的任务或相关内容来确定比赛项目、比赛内容和规则，要求参赛选手要达到熟练、准确、精湛和高质量，因此职业院校的教学内容可以选用竞赛内容。传统的课堂教学方法不利于学生实践操作技能训练，职业技能竞赛在项目设置、评判标准的制定上，对理论考核和实践操作二者兼顾，各有侧重，并且对实践操作能力要求更高。因此，改革教学方法，突出"做中学、做中教"的职业教育教学特色，进而形成了"以赛促练、以赛促改"的"做学教一体化"教学模式。在参加职业技能竞赛的过程中，仅依靠专业教材来训练参赛学生是不够的，必须开发新的校本教材，内容包括最新操作工艺、安全知识、环保概念、节能措施、心理素质、人文素质、企业文化等。通过研究竞赛内容和竞赛规程，开发专业技能实训、技能竞赛、职业技能鉴定三配套、三合一的实践教学项目，适时转化竞赛成果为教学资源，促进了课程内容改革。比如，职业院校为了进一步扩大技能大赛的受益面，学校鼓励教师以竞赛的内容作为典型工作任务，开发出了具有实践教学特色的综合实训项目；以大赛用的设备为基础建成实训室，改善实践教学条件；积累多年的竞赛资源充实专业教学资源，发挥辅教辅学的作用；将赛项中反映出的行业发展的前沿技术和规范标准引入课程，实现教学内容的不断更新；将大赛训练积累的实用技巧和方法融入实践教学中，提升了课堂教学的效果；将大赛的考核指标和评分方法引入实践教学评价体系的构建中，对学生的考核与成绩评定更加科学合理。

竞赛标准向教学标准转化。职业技能竞赛强调真实的生产环境，实现与企业岗位的零距离对接，实训基地就必须优化实训环境，通过校企合作，满足竞赛训练的需求。通过对技能训练的要素结构与训练方法的研究，学校开发相应的各类项目化教材。教材开发以工作过程系统化与行动导向为理念，对课程内容的结构、课内外技能训练方法、理论与实践之间的关系、实际工作过程转化为教学项目等方面进行深入地研究。在创新性、实用性等方面，根据竞赛规程，修订优化了专业技能课程标准，调整了课程内容与要求。对照技能大赛标准，开展一体化课程教学改革，建设配套学习资源库、学习工作站，培养和认定一批一体化教师，建设完善一批既满足理论教学，又具备技能训练的一体化教学场所，编写了《一体化课程教学改革实施方案》《一体化教学计划》等系列一体化课程改革方案和规程文件。解决技能学习的内容是什么、教师怎么教、学生怎么学等三个问题，达到技能竞赛与训练的初衷与目的。

竞赛课题向实训课题转化。竞赛环境和采用的实训设备可以紧密地与校企合作，共同建设校内、校外实训基地，特别是将行业中新的设备、新的技术引入实训室。与企业共同开发实训项目，聘请行业专家担任竞赛和实训指导教师，也可以采用一对一的方式，校内、校外指导教师结对共同完成实训项目和竞赛的辅导工作。

单一型教师向"工匠型"教师转化。 将大赛的指导作为提升教师专业实践能力和教学能力的重要项目，教师经由大赛的锻炼成长起来，既提高了实践能力，又更新了理论知识。职业技能竞赛对参赛选手提出了较高的要求，同时也对竞赛指导教师提出了高的标准。教师通过指导学生参赛，明显提高了教师的教育教学水平。各职业院校的竞赛指导教师都由专兼结合梯队组成，包括专业带头人、骨干教师、专业教师、兼职教师，尤其是来自企业一线的高技能专家。指导团队全程参与赛前准备、训练、考核及组织参赛。团队中成员相互配合、相互切磋、相互提高。职业技能竞赛考核专业核心技能的熟练程度、岗位能力知识的掌握程度以及职业安全、环保、节能意识的培养，这对团队中每位指导教师的教学理念和思想都是较大的冲击。因此，职业技能竞赛促使广大指导教师自觉转变观念，及时更新教学内容、改进教学方法，进一步熟悉职业岗位的技能要求和相关标准。此外，教师在指导学生参赛过程中，个人的实践水平和技能水平得到提高，从而促进"双师型"教师队伍的建设。

技能竞赛模式向常规教学转化。 职业技能大赛与常规教学衔接已成为我国职业教育教学改革一次本土化的、在理论和实践上具有开创性的有益探索，湖北生态工程职业技术学院将职业技能大赛与常规教学衔接分为以下几种主要形式。

（1）寓教于赛，以赛促教。将教学内容的更新体现在技能大赛过程中，通过竞赛活动促进教师采用新的教学方法，并创新教学设计和教学理念。技能大赛是考试场，通过竞赛项目可以检查是否突出了职业教育的办学特色，是否重视综合能力特别是实践能力的培养，是否把握了市场发展的方向等。在具体操作中，采用以职业大赛推动项目教学法应用的思想，即要求专业课教师在专业核心课程的实践教学中，通过一个或几个项目，以大赛形式组织学生团队来完成项目过程，实施基于大赛和工作过程的教学做一体化的项目导向教学模式，最终促进学生职业技能和职业素养的提高。同时，以技能大赛模式为突破口，促进工学结合、项目导向的教学方法的应用，使广大教师的教学能力和教学水平得到不断提高。

（2）赛教结合，以赛促改。将技能大赛和日常教学相结合，把技能大赛纳入专业培养方案，将技能大赛结果作为教学评价和教学测量的一个环节，以大赛模式带动整个专业培养模式的改革，促进赛教一体化。在"赛教结合"教学模式的创新与实践中，完善竞赛模式的专业教学计划，在各专业教学的基础技能模块、专业核心技能模块中均安排了技能竞赛形式的教学课程；完善技能竞赛管理及奖励办法，从组织、制度、经费、设备、师资等方面全方位保障竞赛工作开展。不仅为提升学生技能、建设"双师型"教师队伍提供了有利条件，更为把日常教学与比赛的融合创造了良好平台。将技能竞赛纳入实践教学，成为教学改革的重要手段。

（3）寓学于赛，以赛促学。将学生的日常学习和专业核心能力的培养融入大赛项目中，使教师做到赛中教，学生做到赛中学。在专业培养方案设计和实际操作过程中，均要求各专业学生在校期间必须参加一次以上的职业技能大赛，同时必须完成各专业核心课程中以项目教学出现的技能竞赛，并取得相应的学分。通过将多种形式的技能竞赛贯穿于专业课程学习活动中，极大地调动了师生学技能、用技能的积极性和主动性，打破理论课占主导地位的传统体系，有效地强化学生职业能力的培养。

竞赛精神向学生素养生成转化。职业素养包括敬业精神和合作态度，具体分为职业道德、职业意识、职业行为习惯、职业技能，前三项是职业素养的根基部分。职业技能竞赛对于学生职业素养的引导发挥着指导性的意义。在大赛中能够体现参赛选手的团队合作能力、沟通能力、企业文化理念以及创新创业能力。技能竞赛的竞赛内容、竞赛方式、评价标准中都把职业素养的养成作为重要的组成部分，选手只有个人职业技能娴熟、团队配合默契、职业道德水准和职业行为习惯达到企业标准，才能完成竞赛工作任务，因此，职业技能竞赛对学生职业素养的养成产生重要的影响。能在各级各类职业技能竞赛中脱颖而出的选手，几乎都是高技能高素质的学生，用人单位在相同聘任条件上，对于竞赛获奖的学生认可度非常高。

党委抓教育教学：院长教学述职评议

为强化教学中心地位，持续推进教育教学改革与创新，推动不断提高人才培养质量，学校在学年末开展二级学院院长教学述职评议。**"强化教学责任，必须强化二级学院院长抓教学的责任"**，述职内容主要包括七个方面：

重视教学情况，尤其二级学院院长本人身体力行抓教学的具体工作情况，包括主持制定二级学院教学管理制度、主持主要教学活动、深入一线开展调研、听课观课等情况。

专业（群）建设情况。包括专业调研、二级学院专业规划与特色化发展思路、专业建设各项举措及具体落实情况，推进产教融合、校企合作协同育人，深化工学结合人才培养模式改革情况等。

教学改革创新情况。重点是强化课程建设，落实课堂教学创新，加强实践教学及创新创业教育情况；推进教学模式改革，普及推广项目教学、案例教学、情景教学、工作过程导向教学等"学中做、做中学"教学模式情况；教风学风建设举措；以及具有二级学院自身特点的教学创新探索。

师资队伍建设情况。骨干教师队伍培养情况，双师型教师数量、结构和培养举措；兼职教师引进及授课情况；青年教师导师制落实情况；教研室集体备课、开展各种教研交流活动情况等。

教学评价激励情况。完善学生学业评价，实施教学督导，改革教师教学效果评价，健全和完善教学质量监控体系等情况。

教学工作成效及教学业绩达标情况。包括二级学院优势（特色）专业、省级精品在线开放课程、名师、名专业等相关教学质量工作成效；专业技能竞赛及创新创业竞赛获奖；人才培养质量（毕业生初次就业率、专业就业相关度、用人单位满意度、学生及毕业生对教学的满意度等）；专业服务社会能力；教学改革创新性成果等。

存在问题分析情况。本学期或本年度教学工作存在的突出问题，问题产生的原因，拟解决的措施。

二级学院院长述职采用会议述职的形式，全体教职工听取二级学院院长述职，并进行现场测评及评定。

党委抓教育教学：测试教师教学能力

通常情况下，能力的概念有两种不同使用方式：一是指本领和技能，二是职责范围或权力领域（如制定决策的权力）。第一种方式与职业教育领域的能力一致，即当一个人掌握了处理某项具体事宜的能力时，就被认为是"有能力的"[33]，教师的教学能力决定着人才培养的质量。跟任何其他职业一样，职业教育教师也是一个极其挑战性的职业。（马娇、易声耀、陈玉龙，2019）总结了当前职业院校教师面临的七个能力挑战，其中一条是教师范式的转换和教学过程范式的转换给教师的教学能力带来了挑战，比如"以教师教学为中心"向"以学生学习为中心"的转变，"面向结果"向"面向过程"转变。湖北生态工程职业技术学院将测试教师教学能力作

---

[33] 菲利克斯·劳耐尔 (Felix Rauner) 鲁珀特·麦克林 (Rupert Maclean)：《国际职业教育科学研究手册（下册）》北京师范大学出版社出版，2017年6月第1版，第172页。

为一项基础性工作，通过人人参与，分层实施，提升学校教师职业素养、职业能力、育人理念。把教师思想政治素质和职业道德水平摆在首要位置，突出全员全方位全过程师德养成，推动教师成为先

教学能力考核标准

项目	内容	评分标准	满分	得分
教学设计	整体设计	课程标准清晰，有高职学生生源特点和学习基础分析，有素质和能力评价导向的、形成性评价与终结性评价相结合的学生学业评价设计，有课堂学习和课外学习比重、难度合理的作业设计，注重技术应用能力和创新能力。	5	
	教学目标	教学目标明确、具体、可检测，表述恰当，符合课程标准要求和教学对象实际。	5	
	学情分析	学习者的起点水平、动机、认知特点和学习风格等分析正确。	2	
	教学重、难点	教学重、难点分析正确，并有对应的解决策略。	3	
课前准备	教学文件	授课计划、教案、教材、点名册齐全优质。	2	
	教学课件	教学课件界面设计内容合理、条理分明、和谐美观，文字、图片、动画、色彩处理等服务于教学内容，有助于提高教学效果。	3	
教学实施	教学环节	教学活动设计合理，符合学生的认知规律，体现出"任务引领、教师主导、学生主体"的特点。目标明确，内容充实，环节清晰，过渡自然，有效引导学生参与，启发学生思考，呈现方式合理。	25	
	教学方法	教师可以结合课程的特点和学生的实际状况，采用符合"做中学"教学理念的教学方法，如项目教学法、问题教学法、案例教学法、角色扮演法、仿真模拟法等。	10	
	信息技术	教师具备良好的信息化教学意识与信息化教学能力，能结合课程实际、在课程教学中充分且恰当地运用教育信息技术来提高教学效率、改善教学效果。	15	
	教学效果	课堂气氛活跃，互动效果好。	10	
	形成性评价	课堂小结完整、精炼。作业量适当。课堂时间分配合理。作业布置及批改及时。	10	
	答辩	积极配合，认真对待，条理清晰，回答正确。	10	
合计			100	

进思想文化的传播者和学生健康成长的指导者。根据教学标准，对接职业标准（规范），重点考察教师教学实效及完成教学设计和核心技术技能操作的能力，重点测试教师的现代职业教育理念掌握情况、课堂教学情况和基本专业技能。

教育教学理论考核。在测试中，该校要求所有归口教师、实验师通过集中学习与自学相结合，掌握职业教育教学理论、教育理念等理论知识，并参加教育教学理论考核，并确定合格等次，考核不合格需参加补测。

课堂教学能力考核。要求参加考核教师提交《课程整体设计》，要求教师提交的教学设计不仅要以职业岗位需求为起点，而且要以培养学生具备一定的技术应用能力和创新能力为起点；教学能力考核工作领导小组根据教师提交的《课程整体设计》，现场抽取考核内容（模块）；被考核教师根据评审组抽取的内容（模块），完成现场授课一次。

专业核心技能考核。制定每个专业核心技能清单及考核要点，每个专业核心技能5项。被考核教师自行选择所授课程所属专业的一项核心技能进行现场操作。教师教学能力考核评审组对教师专业核心技能进行评价并提问。

教师：教学理论考核＋课堂教学能力考核＋专业核心技能考核。符合免试条件者在教学理论考核通过后，可按要求申请"课堂教学能力考核"与"专业核心技能考核"免试。不符合免试资格的教师，必须参加三项考核，考核不通过者，给予一次补测机会。

实验师：教学理论考核＋专业核心技能考核。符合免试条件者在教学理论考核通过后，可按要求申请"专业核心技能考核"免试。不符合免试资格的教师，必须参加专业核心技能考核，考核不通过者，给予一次补测机会。

考核结果记入教师业务档案，作为教师培训进修、评优评先及职称申报的重要参考。测评不合格和无故拒不参加测评的教师不得申报高一级技术职称。同等条件下优先聘任测评表现优秀的教师任高一级技术职称。

职业院校教师作为最为核心的能力是课堂教学能力，课程开发能力和服务专业建设的能力。课程教学能力贯穿于教师职业生涯发展的始终。舒尔曼说：单纯强调内容知识，与抛开学科内容而强调教学技能一样，在教学法意义上都可能是毫无价值的。从湖北生态工程职业技术学院开展的教学能力考核可以看出，课堂教学能力是专业知识与教学方法有机结合的结果，要使课堂教学达到基本效果，教师必须熟悉教学内容，钻研教学方法，两者不可偏废。这也是最低要求，要成为骨干教师，还必须有课程开发能力和服务专业建设的能力，此为后话。

党委抓教育教学：淬炼有效高质课堂

教学的基本载体是课堂，真正能体现教育质量水平的是课堂教学质量，因为它是直接与所有学生密切相关的，而且是日常性的。"水课"与"金课"的话题是教育行业热议的焦点。"水课"是低阶性、陈旧性和不用心的课；"金课"则强调"两性一度"，即高阶性、创新性和挑战度。[34] 众所周知，本科院校人才济济、大家云集，只要办学思想端正、考核制度公正、师德师风纯正，如何打造"金课"的问题对于本科院校来说，完全可以"手到擒来、药到病除"。然而，相比本科学校，林业职业院校教学质量的提升却很难"一蹴而就"，迫切需要系统性研究，并进行针对性改进。毋庸讳言，现实

---

(34) 教育部高教司司长吴岩：《中国"金课"要具备高阶性、创新性与挑战度》新华网 http://education.news.cn/2018-11/24/c_1210001181.htm。

中林业职业院校的"水课"泛滥比本科学校严重。从这个意义上讲，纠正林业职业院校的"水课"任务更艰巨、担子更重大。一直以来，纠偏工作力度非常大，宋丛文不停地要求，**"课堂教学改革首先要从"三不"开始，不照着教材念，不照着多媒体念，不站在讲台上连续讲课超过十分钟。"**

有效课堂是相对于无效课堂而言，无效课堂教师的基本教学能力和教学态度较差，一般表现为，课堂纪律松弛，秩序混乱；教师照本宣科或满堂灌，普通话不达标，课前准备不充分；师生之间缺乏交流，教学内容与本课程无关或没有按照教学计划授课，教师形象和行为不符合教师基本规范等；教学条件不能满足教学需要，到课率低于60%，学生参与度低于50%，或50%以上的学生不能提交合格成果。传统课堂教学存在的问题，有一种形象的比喻：在没在？靠点名。听没听？看眼神。学没学？满堂灌。懂没懂？猜表情。会没会？考卷子。睡没睡？无所谓。传统教学管理存在的问题：教学方法已陈旧，单向告知靠灌输；教师评价缺手段，职称出勤课件靓；信息素养难普及，设备不差差水平；学生发展不全面，素质教育是理想。

湖北生态工程职业技术学院实施有效课堂认证工作。"有效课堂认证"就是采用产品质量认证的方式，通过制定课堂教学有效性的评价标准，在课堂教学的全过程实施认证，帮助教师诊断问题并提出改进意见，形成教学文件规范、教学环节完备、教学设计合理、教学手段先进、课堂互动充分、教学效果良好的课堂。其最终的目的就是希望把追求教学的有效性化为每一位教师的自觉行动[35]，实现四个促进，促进教师教育教学观念的转变；促进教师教学能力提升；促进学风转变，提高育人质量；促进教学条件和实训条件改善。认证的原则是"能力培养、结果导向、学生中心、持续改进"，具体指标内容如下：

---

(35) 孙姗：《高职院校有效课堂认证的思考与分析》[J]. 现代职业教育，2017(6):60。

课堂得分＜60分为无效课堂，课堂得分≥60分为有效课堂，其中得分为80-89分为优质课堂，90-100分为示范课堂。

湖北生态工程职业技术学院有效课堂认证标准

指标	认证标准	分值
一、课程设计		25
教学设计	基于"做中学"理念的"任务型课程"，是职业教育课程的基本模式。对于专业课，应在工作任务分析的基础上规划课程体系、开发"任务型课程"，再根据高等职业教育属性的要求和行业资格证书的要求对课程体系做合理调整或补充；对于公共课，应按照"服务于素质教育、服务于专业教育、服务于学生个性化发展和可持续发展"的原则选择课程内容、开发"任务型课程"。	
教学设计	课程标准清晰，有高职学生生源特点和学习基础分析，有素质和能力评价导向的、形成性评价与终结性评价相结合的学生学业评价设计，有课堂学习和课外学习比重、难度合理的作业设计。	
教学设计	学习任务的设计以培养学生职业素养为出发点，体现可行性（在现行教学条件下能够实施），覆盖性（覆盖学习目标），真实性（源于真实，高于真实），典型性，趣味性，挑战性。	
二、课堂实施		45
教学目标	教学目标明确、具体、可检测，表述恰当，符合课程标准的要求和教学对象的实际。	
教学方法	教师能自觉以"做中学"的教学理念指导自己的教学行为。可以结合课程的特点和学生的实际状况，采用符合"做中学"教学理念的教学方法，如项目教学法、问题教学法、案例教学法、角色扮演法、仿真模拟法等。	
信息技术	教师具备良好的信息化教学意识与信息化教学能力，能结合课程实际，在课程教学中充分且恰当地运用教育信息技术来提高教学效率、改善教学效果。	
教学过程	教学活动设计合理，体现出"资讯、计划、决策、实施、检查、评价"的行动步骤；符合学生的认知规律，体现出"任务引领、教师主导、学生主体"的特点。特别要关注教师是否把知识的学习和技能的训练作为培养学生自主学习能力的载体，在教学过程中是否恰当地进行职业素养教育。	
教学效果	每一课程单元都有检验本次课学生学习效果的形成性考核。课堂氛围好，学生乐于学习，且经过检验，确实学有所得。	

	三、资源建设	15
资源建设	通过网络教学平台、各类手机APP软件，营造方便易用的信息化教学环境；有系统、完整、类型丰富的课程资源（可使用网上信息化教学资源，也可改造或开发自主知识产权资源）；充分展示教师的先进教学理念和方法，服务学习者的学习需求。	
资源应用	教师充分运用信息化环境和资源进行教学运行管理、资源发送、线上教学实施管理及教学过程评价，信息化教学方式多样；学生使用信息化教学资源开展自主学习频率高，能运用信息化手段与教师开展线上教学互动。	
	四、教学创新	10
	结合本课程实际开展的教学创新，比如积极探索分类分层教学等。	
	五、答辩	5

笔者十分认同徐国庆教授的观点：教育质量的关键是课堂教学质量。只有狠抓课堂教学，使每个学生真正感受到现代职业教育带来的益处，才能说我们拥有了现代职业教育，但这是目前林业职业教育极为薄弱的环节，很多学生不愿意到林业职业院校学习就是因为他们感觉受益不大，所以提高课堂教学质量正当其时。

党委抓教育教学：协同创新创业教育

停不下的就业，握得住的未来。双创教育是国家的战略部署，也是中国特色的林业职业教育改革的内容之一。2013年，针对毕业生职业生涯缺乏发展后劲，与本科学生相比，职业院校学生人力资本存量明显处于劣势地位，宋丛文指出，要加强学生职业迁徙能力培养，以创业带动就业，将就业创业教育与专业有机结合，与职业岗位高度对接，与素质教育有机配合，贯穿人才培养全过程，并提出了"**创新引领、生态培育**"的创新创业教育理念，明确了"四个三"创新创业教育体系，形成了行之有效的复合式培养模式，即将创业教育的目标纳入人才培养目标体系并确保目的实现。

知识是能力的细胞。要培养学生的创新创业能力能否只给学生提供具有普通性的抽象知识？许多研究表明，抽象知识只是行动能力形成所需要的知识之一，除此之外，还需要许多情境性的实践知识。学校大力度投入资金组建大学生创新创业孵化中心，以学校直属的崇阳试验林场和大冶试验林场为两翼，形成了一个在全省很有规模的创新创业孵化基地。学校鼓励学生创业，成功将京东创新创业项目引入基地。一系列创新创业举措，一系列学生创业成果，使孵化基地建设走在了全省职业院校和全国林业类职业院校前列，得到国家林草局和湖北省有关厅局的肯定，全国先后有60多所职业院校走进基地考察交流。学校学生珍视创业创新机遇，确保不错失这个伟大的创新时代，不浪费自己的素质才华，不选错自己的发展方向，不忘记自己的生态学生身份，成为就业创业的新活力，催生经济结构调整和社会和谐稳定的新动能。

"四个三"体系：培育具有创新能力的大学生

三层目标。湖北生态工程职业技术学院明确了创新创业工作目标的三个层次，首先是培养创新创业意识。早在2013年成立了创新创业俱乐部，为学生职业规划教育、创新创业教育、素质训练提供了机会，培养创新创业意识和企业家精神。其次是营造创新创业氛围。学校定期举办大学生创新创业训练营，使学生在生动活泼的氛围中增强对创新创业的理解和认识。第三是提升创新创业能力。建设了创新创业孵化基地，出台了《大学生创新创业管理制度》等规章制度，为项目实施提供能力平台。

三条原则。一是突出创新的原则。学校根据大众创业万众创新的需要，坚持以学生为中心，通过专业教育、创新创业教育与思想政治教育的协调推进，突出发挥创新创业教育改革"牵一发而动全身"的带动作用。二是依据专业的原则。每个专业择优扶持2～3家学生创业企业，坚持把创新创业教育寓于专业教学之中，使学生在获得专业知识的同时接受创新创业教育。三是围绕市场的原则。根据市场导向和规则，孵化成功一个，向市场转化一个。

三项内容。一是课程的建设与完善。将创新创业纳入学校通识课程，面向全体学生开设创新创业基础、就业指导等方面的必修课，以依次递进、有机衔接、科学合理为目标，将创新创业的知识技能优化为创新创业认知课程、创业模拟实训课程和创新创业实践课程。并纳入人才培养方案和学分管理。二是文化氛围的建设与营造。定期举办"互联网+"大学生创新创业大赛和大学生创新创业训练营，对优秀项目进行扶植、孵化；支持大学生创新创业社团建设，配备专业指导教师；大力开展创业培训、模拟创业活动，为创业学生提供了交流、培训平台。三是实践平台的打造与构建。将原图书馆装修改造为大学生创新创业孵化中心，并以大冶生态文明教育基地和其他实习实训基地为两翼，形成了一个集资源共享、项目孵化等多功能为一体的创业孵化平台，根据湖北省的考核指标，校内创业场地使用面积达到了生均0.19平方米，超过省级标准。

三个结合。一是与科技创新相结合。对创新创业活动实施项目化管理，孵化项目同学校10个科技创新与社会服务团队对接，选送的"景区智能移动污物处理器"创意项目成功进入2018年大学生创业世界杯中国赛区半决赛，作为大赛唯一一所入围半决赛的高职类院校，最终获得中国赛区铜奖；骆明臣同学的孵化项目"轩灵智能路灯系统"获国家版权局计算机软件著作权登记证书。二是与实习实训相结合。湖北省第四届"长江学子"创业奖获得者李瑞同学在金林林业公司实习期间，积累了丰富的经验，2017年在校创立了"武汉瑞宇凌辉林业发展有限公司"，营业6个月实现营业额近100万元，为林业技术专业学生提供26个就业岗位。此外，教师带领学生在校外合作企业实习实训过程中，将具有典型代表性的具有实际操作性的内容带回孵化基地，将其转变为学生的创新性实验项目，谭舟、黄俊杰两位同学在2018第二届金砖国家技能发展与技术创新大赛中分获工业机器人赛项一等奖和二等奖。三是与校企合作相结合。学校与京东商城合作，建立京东·湖北生态双创实训中心，学生在实践基地实习实训，参与企业的生产和经营活动，学到了很多课堂上没有习得的实践技能；学校还加入"政校行企·万讯创新创业学院高校联盟"，成立湖北生态万讯创新创业学院，深化了校企合作促进创新创业教育的改革，探索了校企合作扶持大学生创业的商业模式；与全国青年彩虹工程实施指导办公室合作，设立了"彩虹工程湖北汽车技术培训学院"及具有孵化器功能的创业基地；与武汉市人社局合作，共建"武汉高校大学生创业学院"，深化了政校合作。

"五个成为"：助推新时代乡村振兴战略

通过"四个三"体系的实施，湖北生态工程职业技术学院大学生创新创业工作完成了从意识培养到氛围营造再到能力提升的蜕变，实现了"创新引领、生态培育"的初衷，助推新时代乡村振兴战略。

——成为乡村产业振兴的"参与者"。黄冈麻城市四季美绿化苗木公司总经理明静是学校园艺技术专业毕业生，回乡创业成功入选湖北省高校毕业生创业扶持项目，以2亩油茶地起步，成立麻城四季美绿化苗木专业合作社，苗圃面积达200余亩，成为麻城独有的绿化容器苗生产基地，也是麻城规模最大、市场效益最好的合作社，她由曾经的稚嫩女孩蜕变为当地成熟稳重的"苗木王"。湖北省第三届长江学子创新之星刘木清同学在老师的指导下，通过栽培与试验，定期记录百合生长管理数据，在记录过程中总结了一套实用的百合繁殖栽培技术，培育的矮生金百合"小蜜蜂"、大花东方百合"八点后"和矮生橙色百合"日落矩阵"等品种，通过武汉市南湖花木城推向了市场。

——成为乡村人才振兴的"贡献者"。每年举办"扎根基层，建设美丽中国"大学生就业创业供需见面会，推动了一批毕业生向农村就业。返乡就业的甘肃籍大学生村官陈波，积极参与到精准扶贫、党建及经济建设各方面工作中，通过自己的努力，把家乡建设得越来越美丽，成为乡村人才振兴的"贡献者"。

——成为乡村文化振兴的"宣传员"。学校创新创业团队的师生在全省中职学校和高中学生中开展了"传播绿色文化，共建生态校园"的宣传教育活动，组织开展了生态文明征文比赛，成为乡村文化振兴的宣传员。

——成为乡村生态振兴的"策划者"。"绿水青山就是金山银山"，美丽乡村是乡村生态振兴的重要目标，学校创新创业团队积极参与其中，提出了思考与构想。在2017年湖北省大学生"美丽乡村"创新创业大赛中，获一项二等奖、两项优秀奖；"万农苗圃网"项目获得首届全国林业创新创业大赛三等奖。2018年，林业技术专业学生李锐、杨辉在孵化基地成立林业生态发展有限公司，在学校的支持下，接到了100余万元的乡村林业工程项目。

——成为乡村组织振兴的"推动者"。创新创业团队发挥社会服务职能，积极参加对基层林业干部职工开展培训，积极参与全省"精准灭荒"核查工作，提升基层干部推动乡村振兴的领导力。

实际上，林业职业院校学生是最具创业潜力的群体之一，他们有着本科学生所缺乏的忍耐坚毅、动手能力等诸多特征，只要对其加强创业教育，这些特征均可成为就业创业的显著优势。

数据胜于雄辩，创新创业教育激发了学生的创新精神、创新意识和心理品质，营造了积极向上的创新创业氛围，提升了师生对创新创业的理性认知，拓展了创业人才的培养途径，提高了学生自主创业率和孵化成功率。据第三方监测数据显示，湖北生态工程职业技术学院毕业生选择自主创业的最主要原因是"理想就是成为创业者"（39%）；选择自主创业的毕业生中，大多数（81%）属于"机会型创业"，只有 7% 属于"生存型创业"[36]。

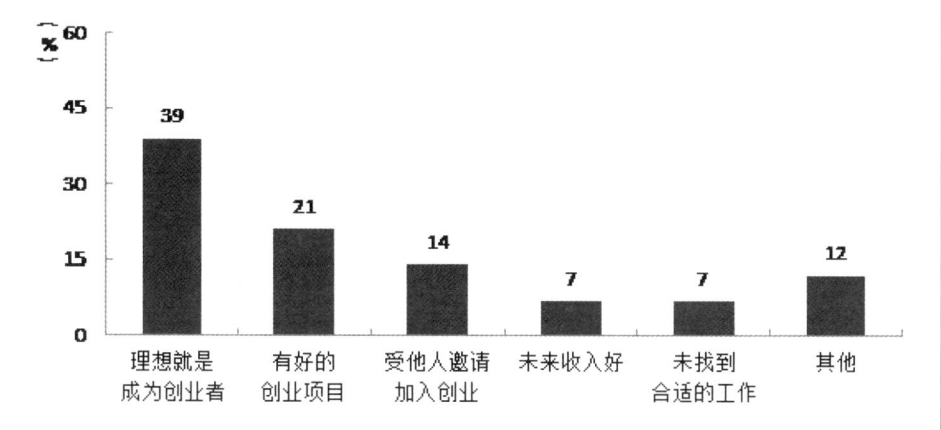

图表数据：
- 理想就是成为创业者：39
- 有好的创业项目：21
- 受他人邀请加入创业：14
- 未来收入好：7
- 未找到合适的工作：7
- 其他：12

2018 届毕业生接受的创新创业教育主要是"创业实践活动"（40%），其有效性为 75%；其次是"创业教学课程"（28%）、"创业辅导活动"（27%），其有效性分别为 70%、69%。

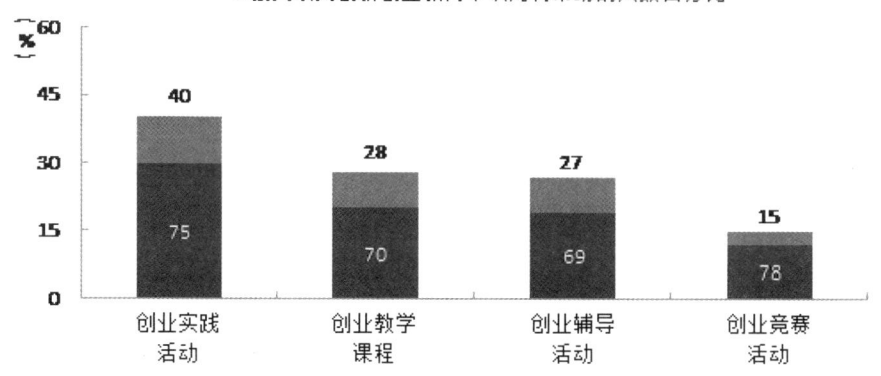

图例：
■ 接受该类创新创业教育的人数百分比
■ 接受该类创新创业教育中认为有帮助的人数百分比

图表数据：
- 创业实践活动：40 / 75
- 创业教学课程：28 / 70
- 创业辅导活动：27 / 69
- 创业竞赛活动：15 / 78

---

[36] 机会型创业指的是为了抓住和充分利用市场机会而进行的创业；生存型创业指的是创业者因找不到合适的工作而进行的创业。该理论由全球创业观察（Global Entrepreneurship Monitor）2001 年报告首次提出。其中，机会型创业包括：理想就是成为创业者、有好的创业项目、受他人邀请加入创业、未来收入好；生存型创业包括：未找到合适的工作。

第五章

抓师资建设特色

20世纪30年代,清华大学校长梅贻琦先生说:"所谓大学者,非谓有大楼之谓也,有大师之谓也。"大学因为拥有诸多博学的名师而著称,每一所著名的大学发展的背后,不光有一批杰出的大师,也包括优秀领导者和管理者。

习近平总书记从国家繁荣、民族振兴、教育发展的大局出发,深刻阐释了教育工作和教师工作的极端重要性,明确提出成为一名党和人民满意的好教师要具有"四有"[37]、"四个引路人"[38]和"四个相统一"[39]标准。这些标准一脉相承、系统完整,形成了对广大教师思想、道德、学识、能力、作风、纪律等方面全方位的要求,赋予了人民教师神圣的职责使命,是新时期进一步加强教师队伍建设、培养高素质专业化创新型教师的行动指南。

对任何一所学校而言,有了特色办学目标和思路、富有成效的人才培养模式、科学的专业架构和合理的课程体系还远远不够,需要有人——即整个师资队伍来实施,确保这些目标、模式、架构和

---

[37] 2014年9月9日,习近平在同北京师范大学师生代表座谈时强调,全国广大教师要做有理想信念、有道德情操、有扎实知识、有仁爱之心的好老师,为发展具有中国特色、世界水平的现代教育,培养社会主义事业建设者和接班人作出更大贡献。

[38] 2016年,第32个教师节前夕,习近平总书记在北京市八一学校考察并发表重要讲话,强调广大教师要做学生锤炼品格的引路人,做学生学习知识的引路人,做学生创新思维的引路人,做学生奉献祖国的引路人。

[39] 习近平总书记在全国高校思想政治工作会议上对高校教师明确提出"四个统一",即坚持教书和育人相统一、坚持言传和身教相统一、坚持潜心问道和关注社会相统一、坚持学术自由和学术规范相统一。

体系能够顺利执行，不折不扣地作用于学生。因此，师资队伍的结构是否合理、数量是否充足、水平是否上乘都直接影响林业职业院校的教育教学水平，从而影响其发展的速度、发展的方向和发展的方式。

"双师型"教师越来越成为职业教育教师的代名词，"双师型"教师数量和结构也成为反映职业院校教师素质最为核心的指标。职业教育"双师型"队伍的建设水平是衡量职业院校办学水平的主要标志，是决定职业教育发展与质量的重要因素。职业院校的教师团队应该由三部分组成：第一部分是学校专任教师，第二部分是行业企业兼职教师（产业教授），这两部分教师要有合理的占比，亦可以互聘；第三部分是在行业企业挂职实习的教师，这应该成为一个常态。[40]

（马娇、易声耀、陈正龙 2019）对职业教育教师专业面临的各种挑战进行了分析，主要梳理出七种因素：现代科技的飞速进步给教师能力带来了挑战；教学范式的转换和教学过程的范式转换给教师能力带来了挑战；职业教育与劳动力市场的高度互动给教师能力带来挑战；职业教育的日益国际化给教师能力带来了挑战；职业教育浓厚的政治、政策氛围给教师能力带来了挑战；职业教育的组织变革给教师能力带来了挑战；职业院校生源结构的特殊性给教师能力带来挑战。面临上述挑战，对职业教育教师无疑产生巨大的压力，需要有勇气和付出努力去应对。同时也是巨大的动力，它迫使教师去自我提升，自我更新。

如何培养名师工匠，建设高水平的"双师型"师资团队，是优质校建设亟待破解的难题。与此同时，作为一种与普通教育截然不同的独立教育类型，职业教师的素质和成长路径也将不同于普通本

---

[40] 潘家俊：《对职业教育的 20 个判断》

科院校的教师。在实践中,宋丛文对职业教育师资队伍建设的标准和要求进行了重新定义,优秀的职业教育教师在其职业领域里必须是全能型的,宋丛文提出了"**职业教育全科教师**"的概念,认为教师应具备广博而全面的知识和技能,对专业领域、对学生的成长和发展规律必须有深入的了解,对如何利用学校完善的教学设施和自身丰富的职业能力来指导学生的发展胸有成竹;必须理解职业教育、熟悉劳动力市场,善于在社会、公众之间进行对话并与之建立相互联系,以促进学生在学习和生活中取得进步。要求教师具备三个能力,即**嘴巴要灵、笔头要硬、手上要巧**。要从"双师"走向"三能",嘴巴要灵指的是能够从事理论教学,笔头要硬是指会写文章,尤其是写教研论文,手上要巧是指能从事实习实训指导工作,或开展理实一体化课程教学工作。基于此,宋丛文对职业教育教师有了很高的期待,他说,教师**既是研究行业发展的专家,又是研究教学内容的专家,还是研究授课对象的专家**。教师队伍建设注重提高质量,加快引进和培养高层次创新人才,重视从行业企业引进有较强实践能力的人才,全面提升人才核心竞争力。突出教师尤其是青年教师到行业企业锻炼,提升实践教学能力;突出行业专家和企业精英在学校专业建设和教育教学中的实践指导作用。抓优秀教学团队、技能名师、"双师"素质教师、专业带头人和骨干教师队伍建设,通过培训和参加各类比赛,发挥其在教学及实践中的引领作用和影响力;抓制度建设,不断完善人事管理制度,确保相关制度的配套衔接,强化制度的导向作用;抓环境建设,营造关心人才、尊重人才的软环境,激发教师的创新热情,实现了全员覆盖,系统教育,自主规划。

凝聚成"一一六模式",即一个教育核心,特色师德师风教育;一种综合评价,教师工作目标考核综合评价;六项特色计划,教师梯队建设、青年教师导师制、教师企业顶岗、名师工作室、科技创新与社会服务团队、兼职教师队伍建设等六项特色培养计划。形成了"机制现行明路径，平台支撑助发展，评价导向来激励，夯实基础造氛围"的师资队伍建设特色。

一个核心：师德师风教育

教育的目标是成人、成就人。教师从事的事业是育人，教师在学生面前呈现的是其全部的人格，而不只是"专业"。宋丛文秉持全员育人理念，**学校里无论教师还是行政管理人员，或者是后勤管理的工作人员，在学生眼里大家都是老师**。教育是根植于爱的，没有爱就没有教育。职工的一举一动，对学生都起着示范和引领作用，有着潜移默化的作用。因此，抓好师德师风建设，发挥其作用是一项非常重要的工作。他常引用医学泰斗裘法祖的名言："德不近佛者不可以为医，才不近仙者不可以为医。"**要求教职工德才兼备，要向佛祖的德行、神仙的才华方面靠近。**以德立身、以德立学、以德立教。

思政建设：解决"总开关"问题

——用榜样的力量激励教师

定期邀请国内外职业教育名家到校就师德师风建设开展主题教育活动，激励老师们深化教学改革，推进校企合作，培养大国工匠。开展"生态最美教师"、"十佳班主任/辅导员"、"岗位能手"等评选活动，树立身边的模范。组织召开优秀辅导员/班主任和教师经验交流会，从不同的侧面和视角，以身边的典型案例为教职工分享他们的治班教学理念，分享他们在工作中遇到的困惑和喜悦，为老师们做好自己的工作提供了范例。国内知名专家、身边的模范为老师们的成长提供了榜样的力量，老师们自觉向榜样致敬，向榜样看齐,从榜样的身上获得前进的动力,从而汇聚成了一股林业职业教育的清流。

——用行动的力量塑造教师

学校把《新时代高校教师职业行为十项准则》《湖北生态工程职业技术学院教师行为六禁止》悬挂在每个办公室显著位置,"准则"和"禁止"就是教师的行动准则,时时提醒教师应该注重坚守专业精神、职业精神和工匠精神。学校结合实际情况,从细节入手,规范老师的教学行为。比如要求老师做到提前5分钟进教室候课;要求老师衣着得体,讲究仪容仪表;定期用非常隆重的活动仪式组织师德师风演讲比赛暨师德师风承诺签名;要求教师上课时喊"同学们好",学生起立喊"老师好",这个看似平常的小事,看似中小学生常做的行为,实则用仪式化的内容加强了师德师风及学风建设;要求教师加强课程思政建设,如果上课时教室的卫生脏乱差,则要求教师带领学生先把卫生打扫干净后再进行课程教学。完善教育教学评价体系,坚持重师德、重能力、重业绩、重贡献的教师考核评价标准,实行学校、学生、教师和社会等多方参与的评价办法,实施年度评价和聘期评价相结合的教师评价制度。实施教师教育教学能力、实践能力提升计划,着力提升教师育人能力。

——用监督的力量规范教师

学校一方面抓思想,抓学习,抓教育,从思想源头上加强师德师风建设,另一方面抓制度,抓管理,抓监督,抓惩戒,加大对教师的约束力度,规范从教行为,推进依法治教。对师德师风情况建立档案,实行动态管理,对违反有关规定和纪律的,严格按有关要求进行处理、惩戒。探索师德建设的工作新机制,完善师德建设评估制度、监督制度,把师德规范要求融入人才引进、职称评审、导师遴选、课题申报等环节,实施师德"一票否决制",引导教师热爱教育事业,热爱教学岗位,树立爱生乐教的价值观,培养敬业奉献精神。建设一支品格高尚、知识渊博、教风优良、精于教书、勤于育人的高素质教师队伍。出台《关于进一步加强作风建设提升服务质量的意见》，梳理从领导班子、中层干部、行政人员、教师到辅导员均不同程度存在服务意识不强、能力不足、职责缺位、服务氛围不好的问题，针对表现形式，逐条整改。

组织建设：树立正确的用人导向

每周一下午，是固定的党委会时间。学校党委书记宋丛文常说，**党委会既是研究工作加强理论学习，也是一次难得的集体活动，希望大家借此机会，多沟通，多交流，增强组织凝聚力**。每周一的党委会更是对中层干部的思想教育课。宋丛文经常讲，干部工作讲总量、讲整体，也必须讲结构、讲梯队，事业发展需要后继有人，需要结构优化，加快青年干部队伍的培养是实现事业可持续发展的重要因素。一个成熟、优秀的管理团队，必然是一个有自己的管理文化、老中青三结合的管理团队。非如此，不能保证自己管理理念和管理文化的传承和积淀，形成自己的优势和特色。突出管理团队的梯队建设，发扬传、帮、带作用，加强对青年管理干部的培养，形成一支结构合理、德技双馨、高效精干的专业化的管理队伍，是学校健康成长的基础，是林业职业教育可持续发展的可靠保障。但班子在年龄、专业、性别等方面，存在结构不合理的问题，尤其在年龄结构方面，问题更为突出。班子成员除一人外，都是"60后"，并且年龄相差很近，会"齐步走"步入退休。如何破题？为了使优秀的年轻干部能够有在综合岗位上进一步锻炼的机会，以增强大局观提高综合协调能力，避免管理出现断层。安排了两名校领导转任非领导职务，分任教育与科技委员会副主任，充实教科研力量；优化中层干部结构，把一批青年干部提拔到关键岗位、重要部门历练；

在干部职数没有空缺的情况下，设立教务长、总会计师、总务长三个综合性管理岗位，在绩效工资上享受副校级领导待遇，列席党委会和校长办公会。

学校把"德"（政治态度、思想品德、宗旨意识、敬业精神）、"能"（政策水平、业务能力、工作方法、担当精神）、"勤"（工作纪律、服务态度、履行职责、奉献精神）、"绩"（完成任务、质量成效、特点经验、创新精神）"廉"（遵章守纪、廉洁自律、示范作用、敬畏精神）作为干部考核主要内容。中层干部统一进行年度考核，按照干部述职、民主测评、领导联评、党委审定的程序评定等次；定期进行履职情况考核，并将考核结果作为干部选拔、培训、任用、奖惩、交流的依据；在民主推荐的基础上，党委研究确立后备干部；有针对性地对领导班子和干部进行分析研判，及时掌握班子运行情况和干部履职情况。营造脚踏实地、埋头实干的干部有机会，艰苦奋斗、默默奉献的干部有动力，勇于开拓、业绩突出的干部有舞台的风清气正的政治生态。

作风建设：提高服务能力和水平

学校党委认为：学生是学校生存、发展之根本，教学是直接服务于学生的前沿阵地。要发挥宣传的导向作用和制度的规范约束作用，加大考核和执纪问责的力度，学校实施"三改一提"，其中重要的一项工作就是"着力提升服务教学工作，服务教师，服务学生的意识、能力和水平"。经过调研和梳理，学校在作风建设和服务师生中，从学校领导班子、中层干部、行政人员、教师到辅导员均不同程度存在服务意识不强、能力不足、职责缺位、服务氛围不好的问题，且每个层级人员的表现形式不同。此后，印发了《关于进一步加强作风建设，提升服务质量的意见》，提出要履行一岗双责，领导班子成员，中层干部、教职员工都有履行好一岗双责任的任务，不仅要做好本职工作，还要有主动服务师生、服务学校大局的意识和理念。首问负责原则，对师生提出的问题要热情接待，积极主动办理和协助办理，一问负责到底。**在作风建设上，宋丛文提倡干部职工要"多管闲事，少埋怨。"实际上，"多管闲事"体现的是担当；"少埋怨"是克服心态失衡的问题。**

领导班子成员对分管或联系的部门负总责。既要保质保量完成分管的业务工作，还要抓好思想政治教育，对分管的部门人员负责，分管的工作完成得不好，分管的部门人员出现失误的，领导班子成员要负责。

中层干部正职对所在部门负总责。既要对部门的工作负责，还要对部门人员的思想状况以及其他事项负责。对工作人员反映的问题，及时帮助或指导其解决；对需要其他部门解决或答复的，由中层干部正职出面解决；对非部门职责范围内的事项，要主动咨询相

加强作风建设提升服务质量的主要措施

问题类型		主要措施
服务意识不强	领导班子	1. 每季度到分管部门调研一次，了解部门职工和师生的思想状态，做到心中有数，加入到学校QQ群，及时关注或回复教职工反映的问题。 2. 认真热情对待师生反映的问题，负责到底，跟踪问题的处理过程，指导或协调解决问题。把问题解决在源头，并做好记录。
	中层干部	1. 每年利用寒暑假对中层干部进行1～2次学习培训，每季度开一次提高服务意识的民主生活会，把提高服务意识纳入到党建工作中。 2. 强化担当意识，及时处理教职工反映的问题，职责以外的积极协调、协助，对无法处理的及时向分管领导报告。 3. 强调协调协作，遇事多协调。
	行政人员	1. 每年利用寒暑假对行政人员进行1～2次学习培训，各部门每季度开展一次提高服务意识交流会，强化行政人员的服务意识。 2. 强化工作的主动性，把为师生服务放在工作的首位。
	教师	1. 以切实推进《加强学生思想政治教育意见》和《教学教育体系实施方案》为载体，强师德师风教育，树立全方位育人思想和理念。 2. 每学期集中开展一次交流学习，树立典型，引导教师。
	辅导员	1. 在每年辅导员集中培训中，把提高辅导员服务意识作为主要内容之一。 2. 强化"以生为本"的理念，深入到学生中去，充分了解学生的思想，每季度汇报一次学生思想状态。 3. 加强自身修养培养，为学生做好表率。

问题类型		主要措施
能力不足	领导班子	1. 以中心组学习为阵地，每学期集中开展1～2次职业教育政策、学校规章制度的学习和研讨，熟悉并掌握各项政策的实质，并运用到学校发展和分管的工作中。 2. 分析和解决问题时，从学校大局出发，结合分管工作，提出切实可行的意见。 3. 对下属的工作多过问，多指导，找出下属的优势所在，扬长避短。
	中层干部	1. 每年对中层干部集中开展1～2职业教育政策、学校规章制度的学习和研讨，加深对相关法律、法规、政策及学校规章制度的理解，熟悉并掌握各项政策的实质，并运用到实际工作中去。 2. 每月对本部门工作开展一次研讨，掌握基本情况，提高处理问题的能力和水平。 3. 认真研究本部门、本岗位的各项工作，做到遇事处理有理有据，有效果。
	行政人员	1. 每年集中开展1～2职业教育政策、学校规章制度的学习和研讨，加深对相关法律、法规、政策及学校规章制度的理解，熟悉并掌握各项政策的实质，并运用实际工作中去。 2. 认真研究本部门、本岗位的各项工作，做到遇事处理有依据、有规范、有效果。 3. 每季度开展一次了解学校的基本情况学习和讨论，遇到问题能指导，能说明，能解释。
	教师	1. 以切实推进《教学教育体系实施方案》为载体，切实提高教师的业务素质和技能。 2. 开展多层次、多形式、多方位的学习培训，创造条件，促进教师的能力提升。 3. 强化职业技术教育理论的学习和应用，提高教师适应当前教育教学改革的需要。
	辅导员	1. 每年集中开展1～2次培训，强化辅导员工作业务知识的辅导和学习，倡导新进辅导员虚心向经验丰富的辅导员请教，提高辅导员指导、引导和教育学生的能力。 2. 每半年开展一次学校的基本情况的学习和研讨，遇到问题能指导，能说明，能解释。3. 每季度开展一次辅导员座谈会，学习和交流工作经验。
职责缺位	领导班子	1. 深入开展"两学一做"教育活动和组织生活会，提升勇于担当精神。 2. 要切实履行一岗双责，充分重视担负的领导责任，对业务工作一管到底，事无大小，做到心中有数，未完待续的工作要持续关注并督办。 3. 每月对分管的工作进行研讨，有安排，有部署，有检查，有总结，及时研究疑难问题的解决办法，创新工作方法，提高工作效率。
	中层干部	1. 要切实履行一岗双责，遇到问题不推诿。月初安排本部门工作，月底总结，及时处理本部门工作中存在的问题，对职工反映的问题做到有问必有回，负责到底。 2. 每年对中层干部集中开展1～2次培训，提升能力，勇于担当，敢于负责，切实履职尽责。 3. 加强沟通与协作，做到遇事相互协作，提高处理问题的效率。
	行政人员	1. 每季度开展1～2次教育培训，提高工作责任心和工作主动性。 2. 对师生提出的问题，及时处理及解答，负责到底，并主动向部门负责人反映。 3. 强化监督，每季度开展一次督察检查。

	教师	1. 以切实推进《加强学生思想政治教育意见》和《教学教育体系实施方案》为载体，强师德师风教育，树立全方位育人思想和理念。 2. 以教研活动为阵地，积极开展多种形式的学习教育活动，提升教师的责任感和使命感。
	辅导员	1. 每年集中开展1~2次辅导员培训，强化辅导员工作业务知识的辅导和学习，注重辅导员岗位职责的培养。 2. 每半年开展一次辅导员座谈会，学习和交流工作经验，提升辅导员的工作方式和方法。
服务氛围不好	领导班子	1. 严于律己，由己及人，在服务教学、服务师生方面做好带头作用，敢于对学校职工在服务氛围做的不好的提出批评意见，并指导其改正。 2. 对分管的工作多过问，多跟踪，给分管部门和工作人员一些压力，积极协助班子其他成员做好分管的工作，营造一个相互补台、相互配合、服务师生的良好氛围。 3. 加强宣传和引导，树立典型，营造良好氛围。
	中层干部	1. 严于律己，在服务教学、服务师生方面做好带头作用。 2. 勇于批评与自我批评，对服务师生不力的事情要敢于批评。 3. 相互配合，相互协助，营造良好的服务氛围。
	行政人员	1. 切实做好本职工作。 2. 热情接待师生，把服务师生放在工作重要位置。 3. 做到有问必有答，积极配合其他部门和教学单位工作，并主动为其出主意，想办法。
	教师	1. 全面落实全员育人思想，热情、热心、真心服务学生，为学生办实事。 2. 以开展教研活动为载体，积极提倡人人为我、我为人人思想。
	辅导员	1. 深入学生中去，了解学生的思想动态，为学生办实事。 2. 每年集中开展1~2次辅导员培训，强化责任意识，把服务学生当做自己的主要工作。

关部门，保证投石有音，不推诿，不拖拉。要求中层干部副职也要参照执行。

行政人员也是学校教育教学体系上重要的一环，执行首问负责制，除了做好分内的工作，还要加入到全员育人的队伍中，发挥全员育人网络中基础力量的作用。

教师发挥教书育人的作用，除了完成教育教学任务外，还要多关心关注学生的成长，帮助指导学生提高生态素养、专业素养、健康素养和劳动素养。

辅导员是做好学生工作的基础力量，对学生所有事项负总责，要及时发现学生工作中的重难点问题，结合人才培养方案，帮助学生成人成才，将大学生思想政治工作贯彻于辅导员工作全程。

一把尺度：教师年度业务综合考核

"评什么"、"怎么评"是任何评价的基础性问题，林业职业院校教师综合能力评价也不例外。这一评价针对的是教师应当具备哪些能力和具备到什么水平，合理能力的结构由什么决定，而综合能力应具体包括哪些方面，各自的内涵如何界定，需要加以明确。湖北生态工程职业技术学院实施教师年度业务综合考核，重点考核师德、双师素质和教学实绩，考核按"百分制+"的模式进行，考核内容包括教学工作、教科研与社会服务、专业与课程建设、培养培训、其他工作等五个方面，加分项由教学效果、校级以上荣誉、职业技能竞赛等方面构成。每年教师通过自评打分，教育与科技委员会认定，认定的考核分数作为教师年度考核成绩，同时也作为教师职称评审时的年度分数。

为了从严考核，学校制定了三条内容直接认定为年度考核不合格：违反《新时代高校教师职业行为十项准则》；一年内发生严重教学事故两次及以上，一般教学事故三次及以上，教学差错五次及以上；无正当理由不参加教研室活动，一年累计达三分之一以上。

教师年度业务综合考核表

考核内容	分值	考核标准
师德师风	10	高职辅导员或中职班主任合格计 2 分，优秀计 3 分；高职班主任（社团指导）合格计 1 分，优秀计 2 分； 自觉参与完成学校关于师德师风建设的重要活动，一次计 1 分； 主动解决学生的重大困难和问题，一次计 1 分； 参加精神文明建设、奉献爱心、志愿者活动、文体活动、社会公益劳动，为学校赢得荣誉，一次计 1 分。 教学工作中贯彻"三全育人"和"五个思政"理念，计 2 分。
教学工作	50	部门副职、一般工作人员、专任教师完成学校规定的基本教学工作量，校领导、教科委领导、部门负责人从事教科研、专业建设、课程建设等工作，计 40 分； 专任教师超额完成学校规定的基本教学工作量，每增加 20 学时计 1 分；校内兼课教师超额完成学校规定的基本教学工作量，每增加 10 学时计 1 分；部门副职、一般工作人员、专任教师没有完成学校规定的基本教学工作量的不计分； 严重教学事故一次扣 5 分，一般教学事故一次扣 2 分，教学差错一次扣 1 分； 教学工作的计算方法：教学工作量 = 教务处核算的个人年度总课时 − 教科研与社会服务折算课时； 学期全校教学评教排名前 20 名，计 2 分；21~50 名，计 1 分；51~100 名，计 0.5 分。
教科研与社会服务	20	制定国家级标准、省级标准、地厅级标准、企业标准的主持人分别计 5、3、2、1 分； 动植物新品种、林木良种选育，经审定为国家级、省级的。主持人分别计 5、3 分；经认定为国家级、省级的主持人分别计 3、2 分； 教科研课题获得国家级、省部级、地厅级、校级一等奖的主持人分别计 15、9、6、3 分；不同等次的二等奖、三等奖分别按一等奖的 70%、50% 计分；

考核内容	分值	考核标准
教科研与社会服务		教科研课题、科技推广项目、标准制定、动植物新品种和林木良种选育，排名第二按主持人的80%计分，排名第三及以后分别递减10%计分； SCI、SSCI、EI收录期刊的论文计5分，核心期刊论文计3分，一般公开出版期刊论文计1分，生态校刊等内部刊物论文计0.5分； 国家级规划教材、一般教材、校本教材第一主编和专著第一作者分别计5、3、2、7分，教材第二主编、第一副主编、第二副主编、参编、主审分别按第一主编的80%、60%、50%、40%、40%计分。专著的第二作者、第三作者、第四作者分别按第一作者的80%、60%、40%计分。 外观设计专利、实用新型专利、创造发明专利的主持人分别计1、3、5分，排名第二按主持人的80%计分，排名第三及以后分别递减10%计分； 社会服务项目，每项（次）主持人计2分，排名第二按主持人的80%计分，排名第三及以后分别递减10%计分； 撰写学校重大发展报告，经学校研究上报并予公布实施的第一作者、第二作者、第三作者分别计3、2、1分，其余参与人计0.5分；撰写教学单位重大发展报告，并经学校同意实施的，按上述标准的50%计分。 校级教科研课题申报未立项，主持人计0.5分；省部级及以上教科研课题申报未立项，主持人计1分； 校级教科研课题立项并开展工作，主持人计1.5分；省部级教科研课题立项并开展工作，主持人计2分；国家级教科研课题立项并开展工作，主持人计3分。
专业与课程建设	10	创新发展行动计划、人才培养方案制修订、实验室和实训基地建设计划、新专业申报、新课程开发与建设、校企合作、有效课堂建设、网络课程建设、教学质量工程项目等，每项主持人或主要执笔人计2分，其余参与人计0.5分； 教学诊改常态化建设每项计1分； 教研室和实训室制度建设，每项计0.5分；教师听评课每节计0.2分； 导师指导青年教师年度考核合格计1分，优秀计2分； 在线开放课程主持人计3分，其余参与人计1分。

考核内容	分值	考核标准
培训学习	5	参加国培、省培、学校举办的各类培训、教研室研讨会、对外交流学习、企业调研考察、毕业生回访、企业顶岗实践等活动，每10学时计1分（不含往返时间）；被指导青年教师年度考核优秀计1分。
其他工作	5	完成学校和院部安排的重要工作，每项计1分。
加分项		本年度获得国家级荣誉表彰计8分；省部级荣誉表彰计5分；地厅级荣誉表彰计3分；招生排名前5名计2分，6~10名计1分，获得其他名次和参与者计0.5分；校级"十佳"计1.5分，其余校级奖励计1分； 相同或类似的工作业绩获不同等次奖励表彰，以最高等次表彰奖励计分，不重复计算各等次表彰奖励分； 教师本人参加职业技能竞赛获得国家级、省部级、地厅级、校级一等奖的，分别计12、8、6、3分；二等奖、三等奖、优秀奖分别按一等奖的70%、50%、20%计分； 教师指导学生参加职业技能竞赛获得国家级、省部级、地厅级一等奖的，分别计10、7、5分；二等奖、三等奖、优秀奖分别按一等奖的70%、50%、20%计分。

六项培养计划：教师梯队建设

2012年，学校党委针对教师队伍建设的效果与预期目标还有相当大的差距，专业带头人、骨干教师培养还未能发挥应有的作用，教师的个体素质和师资队伍结构两个方面都与"双师"的要求不相适应，教科研领军人才及高水平创新团队还偏少，师资的数量、质量、结构等方面都不同程度的存在问题等，启动实施教师梯队建设。教师梯队包括校级名师、专业带头人、骨干教师、双师素质教师、一般教师和助理教师等六个层次。

在教师梯队运行近4年后，2017年学校针对运行过程中出现的教师梯队管理模式下，梯队职责职能不明确，考核不严格，没有最大程度调动教师专业建设的积极性、主动性等新问题，又制定了补充规定。明确教师梯队由"双师型"教师[41]和非"双师型"教

---

(41) 国务院关于印发国家职业教育改革实施方案的通知(国发〔2019〕4号)要求，"双师型"教师(同时具备理论教学和实践教学能力的教师) 占专业课教师总数超过一半。

师两大类四个梯级组成：系主任——教研室主任——骨干教师——双师素质教师——一般教师，每年对梯队进行动态调整。突出加强优秀教学团队、专业带头人、教学名师、青年骨干教师队伍建设。

教师梯队建设图示

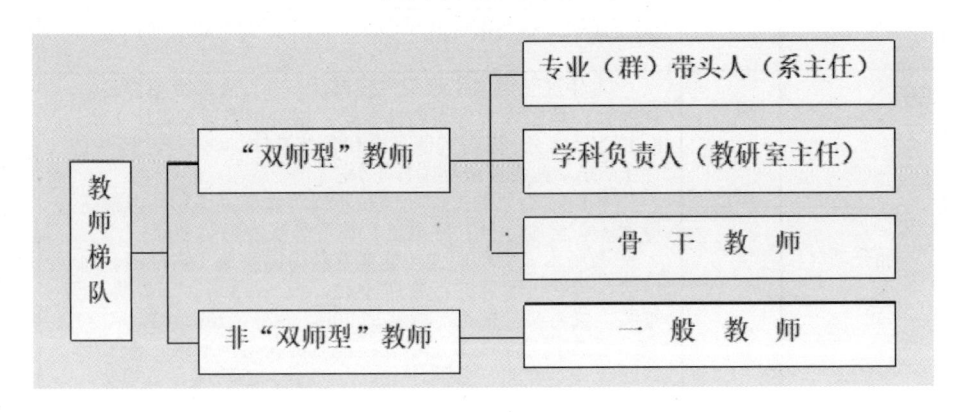

```
                    ┌─ 专业（群）带头人（系主任）
          ┌─"双师型"教师─┤
          │         └─ 学科负责人（教研室主任）
教师梯队 ─┤
          │         ┌─ 骨 干 教 师
          └─非"双师型"教师─┤
                    └─ 一 般 教 师
```

专业群带头人（系主任）需要在教学岗位任教，能够承担本专业核心技能课程教学（通识教育部和思政课部教师除外），完成规定的教学工作量，教学评价排名位于本二级学院前20%（一学年）。积极指导开展主讲课程的教学研究与实践，主导教学改革和专业（课程）建设，或校级以上教学资源库、课程改革主持人，或主持过校级以上的教科研项目。指导和帮助2名以上教师不断提高教学水平，重视教学团队建设，对形成合理的教学团队和教学梯队做出重要贡献。每年集中向全体教职工进行专业建设述职。

专业负责人（教研室主任）需要在教学岗位任教，能够承担本专业核心技能课程教学（通识教育部和思政课部教师除外），完成规定的教学工作量，教学评价排名位于本二级学院前50%（一学年）。主持或参与主讲课程的教学研究与实践，主持或参与教学改革和专业（课程）、实验室建设，或主持或主要参与校级及以上的教科研项目。参与教学团队建设，对形成合理的教学团队和教学梯队做出贡献。近三年年度考核为合格及以上等次。

骨干教师需要能够承担本专业课程教学（通识教育部和思政课部教师除外），完成规定的教学工作量，教学评价排名位于本二级学院前80%（一学年）。积极参与主讲课程的教学研究与实践，参与教学改革和专业（课程）、实验室建设、教学研究等，积极参与教学团队建设。年度考核为合格及以上等次。

一般教师在教学岗位任教，具有高校教师资格证、本科及以上学历。年度考核为合格及以上等次。

六项培养计划：教师企业顶岗

作为技能型人才培养模式改革的关键性支撑要素，教师开发工作的重点和难点是对其实践能力和素质的培养。提高教师职业教育的教学能力，使教师从为研究行业发展的专家，重点是帮助教师了解行业，了解产业发展，增加企业经验，扩宽视野格局，提高学习创新能力。学校党委书记宋丛文认为，随着生态文明建设和林业产业的发展，学校的师资队伍建设的标准和要求需要重新定义，**教师的角色要从知识的传播者变成学习的组织者和创新的指导者，要特别重视教师的行业气质**，培养一大批具有解决行业企业疑难杂症的能力的真正的"双师型"教师。

师资培训应当主要放到产业、行业、企业中进行。2012年以来，针对学生和家长普遍反映的教师技能不够高，不了解行业实际等问题，宋丛文力推青年教师进企业顶岗实践制度。每年暑假注定是一个忙碌而又充实的假期，40岁以下的青年教师没有像往常一样休假，而是来到了校企合作企业，开始了他们为期两个月的企业顶岗实践。宋丛文作了详细的计划，打算用三年的时间，让全校40岁以下的青年教师走进企业顶岗实践轮训一次，相关费用由学校买单，使他们在企业能够安心顶岗，把企业的先进理念、技能等搬到课堂，了解企业在人才要求方面的变化。借鉴企业的生产及运作模式，在日常教学中更多地融入现代职业教育理念，以推动学校教学改革。推行青年教师企业锻炼，与职称评审挂钩，引导青年教师在实践中成长，与一年之后湖北省开展的"教师企业行"活动的目标和做法相一致。这些青年教师按照顶岗要求，在企业顶岗至少两个月。他们和企业员工一样，采用公司正常上班的方式，严格考勤。顶岗实践的教师每天填写详细的工作日志。实习结束时，企业方出具鉴定报告，教师本人提炼出不少于3000字教师顶岗实践总结，进行交流发言。

采取这种送出去的方式，定期把青年教师送到相关企业进行顶岗技能培训，提升了青年教师队伍的整体素质，使青年教师有了林业经历背景，有了基层实践经验，了解行业，熟练掌握相关技能，在人才培养过程中能够把理论与实践结合起来。

六项培养计划：青年教师导师制

湖北生态工程职业技术学院建立青年教师导师制度，鼓励骨干教师以传、帮、带的形式，从备课、实习实训、辅导答疑、教学研究等多方面对青年教师进行引导和规范。有计划地组织青年教师参加现代教育技术等各种形式的培训和竞赛，提高他们的教学技能。采取多种措施，全面提高青年教师敬业精神、教学水平和综合素质。45周岁及以下的青年教师，凡招聘或调入到学校从事教学工作（含实验系列教师和辅导员）新进人员、由校内非教师岗位转到教师岗位的人员、未取得讲师任职资格和任讲师时间不足3年的青年教师、教学质量考核或学生测评成绩当年处于学校后10%的青年教师、辅导员工作当年考核处于学校后10%的青年教师、经学校认定或本人申请需要接受指导的青年教师，必须配备指导教师。

青年教师培养期为 1～4 个学期，一般本科毕业生为 4 个学期，硕士为 2 个学期，博士为 1 个学期。

导师遴选条件：热爱教育事业，治学严谨，品德高尚，为人师表，团结协作；积极参加教学改革，重视教育思想理论的学习和研究，教学经验丰富，教学效果优良；富有责任感，具有较强的沟通能力和业务指导能力，能投入足够的时间和精力用于指导工作。原则上须具有高级以上专业技术职务或曾在国家级教学、科研竞赛中获奖。荣获校级及以上"十佳教师"、"十佳辅导员"和"十佳班主任"称号。在专业领域内具有坚实的理论基础和系统的专业知识，丰富的教学、科研和实践经验，教学效果和科研业绩优良，经认定符合导师资格的。导师与被指导对象归属同一学科或相近学科。学校鼓励省级及以上项目负责人、教学名师、优秀教师、科研或教学成果奖获得者、教研室负责人、师德先进个人等担任导师。

导师职责：制定青年教师培养计划，提出培养目标和措施。进行师德教育，加强对青年教师职业道德修养、教书育人责任感的培养，引导青年教师树立严谨踏实、实事求是的工作作风。根据青年教师的专业方向，指导青年教师至少掌握一门课程的教学内容、教学要点和相关学科的前沿知识，培养其从事教学的能力。导师应不定期地安排青年教师讲授指定内容。指导青年教师撰写教案，熟悉并掌握各教学环节及教学规范，掌握正确的教学方法，能结合课程的内容、特点，运用各种教学手段和现代教育技术，鼓励并指导青年教师大胆进行教学改革实践，提高教学质量。每学期听所指导青年教师的讲课不少于 8 节，课后进行指导并填写《听课评价表》；如果所指导的青年教师没有承担授课任务，则导师每学期与青年教师共同听相关专业的老师授课不少于 4 次，帮助青年教师总结其他教师的授课经验，提高自身教学能力。指导青年教师参加专业建设、课程建设、教学团队建设和教学研究等教研活动。指导青年教师开展教学科研项目（纵向）、产学研合作（横向）及实践教学等活动，将青年教师纳入导师主持或主要参与的教研科研团队。在指导期或考核期内，指导青年教师完成并发表一篇以上教学科研论文或撰写一篇研究报告。每学期末向青年教师所在院（部）提交指导青年教师的情况报告，对青年教师的教学、科研及其他工作完成情况进行综合评述，提出合理的意见和建议，并由教学单位将记录报送学校人事处存档。

　　青年教师主要任务：积极主动并虚心接受导师指导，尊师重道，虚心求教，勤奋好学，积极进取。在导师指导下制定学习计划，明确学习目标和实施方案并付诸实施。尽快熟悉教学流程和教学要求，掌握教学规律和教学规范，熟练掌握教学大纲，认真编写授课计划、教案和课件，充分准备课堂教学内容。在一年培养期内旁听导师授课（理论与实践课）不少于16课时，旁听教研室其他教学效果好的老师授课不少于10课时，并做好听课记录。按照导师要求，全面掌握至少一门与专业对应课程各教学环节的要求和技能，并积极参与或开展实践教学活动。积极主动地观摩、学习、参与导师的教研教改和科研项目，条件具备时应积极申报。培养期内应定期就个人思想、工作、学习情况进行反思，及时向导师报告并听取指导意见。培养期满，应对自己所完成的教学、科研工作和培养收获进行总结。总结成绩，分析存在的问题与不足，有针对性地制定改进措施和办法，并向导师所在教学单位汇报。

　　青年教师与导师考核按1∶8∶1分为"优秀""合格"和"不合格"三个等次，考核实行青年教师与导师捆绑制考核：青年教师当年考核定为"优秀"等次，导师当年同时认定"优秀"或"合格"，如一名导师同时指导两名教师，两名教师需同时考核"优秀"，则导师当年考核认定"优秀"；青年教师当年考核定为"合格"等次，导师当年可认定"合格"或"不合格"；青年教师当年考核定为"不合格"等次，导师当年同时认定"不合格"。考核不合格的青年教师，停止教学工作，不能晋升高一级教师职务，进行延期培养，再培养期内不能参与各类优秀评选；考核合格后重新承担教学任务；再次考核不合格者予以转岗。

对指导教师和青年教师的考核结果作为教学质量管理的一项考核指标。根据导师的考核结果，分别折算为指导青年教师工作量，并计入绩效工资。当年考核"优秀"等次，按照指导1名青年教师20个课时，指导2名青年教师30个课时；当年考核"合格"等次，按照指导1名青年教师10个课时，指导2名青年教师20个课时；考核成绩不合格者不予发放。导师考核结果同时计入职称评聘量化评分细则项目。

六项培养计划：技能名师工作室

德国的包豪斯学院于1919年最早实行"工作坊"制度，中国上海于21世纪初启动名师工作室，逐渐演变为现代教育的工作室制。一般认为，名师工作室是一个以课题研究、学术研讨、理论学习、名师论坛、现场指导等形式对内聚集、带动教师成长，向外辐射、示范教学改革，促进教师专业化的团队组织。[42]随着教育改革的深入，名师工作室的工作已成为促进高等职业教学工作的重要组成部分。名师是具有精湛的教学工作能力，先进的教育思想理念，为人师表的示范性和影响力的教师。而名师工作室是以名师为引领由很多优秀教师组成的团队，通过团队对整个教学活动的参与、指导，达到全体教师在生态素养、教学思想和理念、教学技能、科研能力等方面得到全面提升，从而推动教学工作的顺利进行。湖北生态工

---

(42) 刘穿石：《"名师工作室"的解读与理性反思》[J]. 江苏教育研究, 2010, 04。

程职业技术学院通过以下三种方式进行师资培养,打造名师工作室。

名师引导方式:工作室主持人为工作室其他成员的导师,结合每位工作室教师专业情况,个性化为每名成员制定培养规划,缩短成员的成长周期。对他们提出具体的个性发展方向和要求,从课题研究、教学管理、教学内容储备、社会服务等方面对成员进行定位,每位成员在导师的指导和帮助之下,制定培养周期内适合自己特长的发展规划。

分散引导方式:结合工作室每名成员的专业和教学管理优势,各专业教研室建立青年教师传、帮、带团队,在教学方法、教学内容、科研项目、师德培养方面全面提升教师团队业务素养。指定工作室每名成员指导两名青年教师的成长,通过集中或分散形式的听课评课、教学研讨、科研指导、项目带动等活动,有效推动培养对象的专业成长,使工作室真正成为青年教师成长的平台。三年为一个周期,使50%青年教师培养对象成为专业的骨干教师。

引进与走出结合方式:利用工作室的平台与桥梁作用,为成员创造学习条件,掌握新知识、新技术,掌握先进的教育教学理念,带动整个专业领域教师逐步提高专业素养。通过请进来的方式将培训师请到学校,开展新知识、新技术学习班等,广泛提高教师队伍的专业素养。邀请职教专家来学校进行先进的教育教学理念的讲学,提高教师对职业教育的认识。同时也走出去,学习兄弟院校的办学模式与方法,到企业去深入生产一线,了解更多的实际知识与技术,不断更新教学内容,使技术与现代教学理念渗透到每个教学环节与教学内容中,从而全面提升教师的业务水平。

技能名师工作室建设:首先从校级起步,首批认定了园林技术张华香工作室等四个校级技能名师工作室。近几年来,在张华香、石海云、刘振明等一批工匠名师的带领下,保障了教育教学质量和工匠型人才的培养。

经学校层面培育，张华香老师主持的湖北省职业教育园林技术专业（花艺方向）工作室、石海云老师主持的森林生态旅游工作室被评为湖北省"职业教育技能名师工作室"。

园林技术（花艺）张华香工作室

经师易求，人师难得。一个人一生遇到好老师，是这个人的幸运；一个学校拥有好老师，是这个学校的光荣。学校注重各种技能大赛，要求教师当好忠诚教育事业的"工匠之师"，做学生专业技能引路人，培养德才兼备的"大国工匠"，对学生未来就业创业负责。

让每个学生都掌握一门让人信服的过硬技能，让每个学生在学校期间都能找到一个适合自己职业的技能赛项——这是工作室给每位教师下达的教学任务，也是每位教师内心的自觉追求。园林技术张华香工作室主持人张华香副教授对学生要求严格，准确把握每名所教学生的成才志向和发展潜质，她和教师们因材施教，带领学生勤学苦练，使一大批毕业学生学到了真知识，练就了真本事。结合各种花艺大赛，她组织学生特别是参赛学生，深入学习色彩、架构、技术、创意等知识，苦练专业和体能基本功，不仅带出了吴文霖、胡小晗等一大批获得国家和省级花艺大赛奖的优秀学生，而且自己成长为一名成色高的国家队教练。工作室顺应社会需求专门开设花艺特色班，创新设置人体花艺珠宝设计与制作课。张华香说，师生将花朵与人体完美融合，让模特看起来仿佛大自然走出的仙子，清新灵动。在完美的配色与环境融合下，让花朵在人体上最大程度地绽放美丽。花艺架构是现代花艺的流行趋势，它克服了插花容器的局限性，拓展了花材应用空间，同时也激发了花艺师的创作灵感。

一名工匠之师可以引领一个新专业，增强课程和技能的创新能力和竞争力。工作室爱才识才、容才用才，为青年才俊搭梯架桥。

吴文霖在学校读书期间，专攻插花花艺技术，多次代表学校参加全省和全国技能大赛，获得第44届世界技能大赛花艺项目的全国第三名，被湖北省政府授予技术能手称号。学校党委做出决策，将其留校任教，鼓励其放开手脚带赛队、抓比赛，使学校参赛学生在第五届中国杯插花花艺大赛和第45届世界技能大赛中取得优秀成绩，以工作室为依托，花艺基地获批为国家级双师型教师培养培训基地，体现出了学校塑造工匠之师的眼光与胸怀。

森林生态旅游石海云工作室

森林生态旅游工作室拥有一支专兼结合、结构合理的专业教师团队，并与超过20家湖北省内外森林公园、大型林场、自然保护区、野生动植物园、主题公园、旅行社、A级景区以及互联网旅游平台企业建立了长期合作关系。教学团队不断加强校行企交流合作，逐步承接了省内部分景区的旅游规划设计、县级森林城市建设规划以及旅游从业人员行业培训，提升了教学科研和社会服务的能力。在首期建设过程中，他们提出了清晰的目标。致力于构建交流学习平台，加强理论学习，使理论学习持续化、日常化，提高团队成员的综合素养；完成森林生态旅游教学素材库的建设工作；完成森林生态旅游专业教学标准的制定工作；形成5～6家稳定的校外实训基地；形成一支师德高尚、业务精湛、配置合理、充满活力的高素质名师队伍；累计完成教学教研标志性成果2件。

助力专业（课程）内涵建设。对森林公园、湿地公园、自然保护区的策划、服务、管护和营销四大岗位职业要求进行梳理，重构森林生态旅游专业核心课程体系。实现课程内容对接职业标准。选择全省有代表性的国家级森林公园、湿地公园，整理相关素材，以景区功能介绍为主，景点介绍为辅，初步建立森林生态旅游教学素材库。

培育优秀教师团队。完善工作室管理规章制度，形成相对科学的团队成员考核机制。依托工作室构建交流学习平台，加强理论学习，使理论学习持续化、日常化，提高团队成员的综合素养。鼓励团队成员参加各级教师教学能力大赛，提升团队成员的教学能力，使教师努力从专业教师走向跨界融合的教师。

加强学生能力培养。与具有代表性的国家级及省级森林公园、湿地公园、自然保护区合作，让学生真正走入森林生态旅游景区，提升专业认知度和认同感，使学生成为工作室共同体的成员。

开展教育教学研究。开展区域间、校际间、校企间的学术交流和技术研讨活动，依靠工作室智力和技术优势，根据湖北森林生态旅游发展的实际需要，开展职业技能培训、技术咨询等社会服务。

注重产教一线科研。依托湖北林学会森林旅游专委会平台，初步建立起与森林公园、自然保护区的联系，以问题研究为突破口，发挥名师工作室成员协同优势，开展应用性研究，积极组织师生参与企业新产品研发、技术服务和培训等活动；推进课堂教学改革，优化实践教学设计及评价体系，形成一大批贴近生产企业、贴近教学实践、目标明确、效果明显的专项成果，推动名师工作室整体科

基于工作室的课程体系

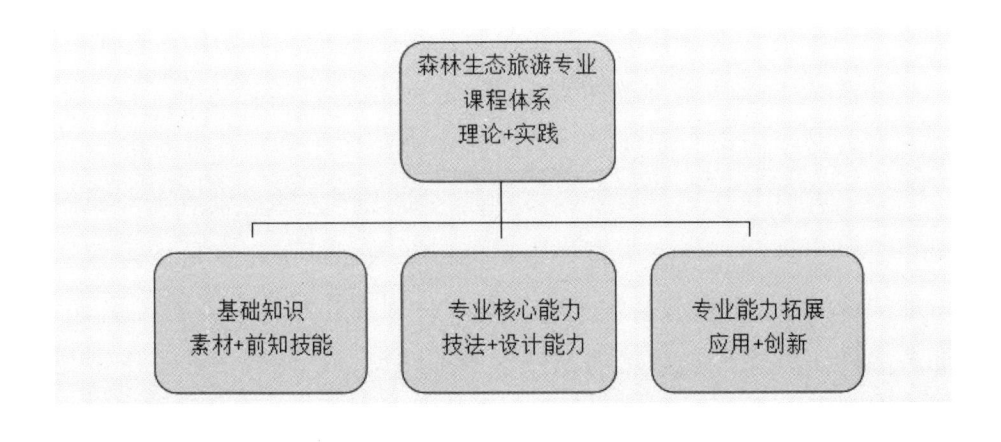

研水平不断提高。组织"走出去"——外出参观、听课和参加研讨等，"请进来"——邀请省级名师、企业技术人员来校交流、指导等活动，拓宽视野、增长见识、提高业务能力。该工作室对专业建设的最大贡献在于，从关注教材到关注教学资源，课程标准、资源库、教材等，以高水平的资源建设支撑高质量的育人效果。

家具设计与制造刘谊工作室

家具设计与制造刘谊工作室定位为"研修的平台、成长的驿站、辐射的中心"。借助于内外合力，以"专业引领、互学共进、共同发展"为宗旨，打造成为家具设计与制造专业教学改革的研修组织；成为教师发展与成长的工作站和职业院校建筑室内设计专业教育资源的共享园，扩大学校家具设计与制造专业在行业中的影响力。该工作室积极推行专业教学改革，大力加强学生技能培养，在教学中弘扬工匠精神。2017～2019年间，为指导学生参加第45届世界技能大赛，自愿带领团队教师，牺牲寒暑假、节假日，辛勤指导训练。经过努力，选手取得家具制作项目全国选拔赛第四名、木工项目第八名的优异成绩，两名选手晋级国家集训队；在国家集训队10进5选拔赛中，家具制作项目以第二名、木工项目第四名的成绩晋级前五，为湖北省技能竞赛工作做出突出贡献；作为家具制作项目国家专家组成员、国家教练，为进军喀山世界技能大赛做出了贡献。

工作室非常注重立德树人工作，在承担的教学活动中，将"木德"融入教学内容，实现了"木德"精神与人才培育有机衔接。

纵观湖北生态工程职业技术学院名师工作室的建设情况，我们可以总结出名师工作室应有如下功能：职教名师工作室是优秀教师专业成长的平台；职教名师工作室是项目课程开发及实施的实验室；职教名师工作室是社会培训及技术服务的窗口；职教名师工作室是技能大赛及创新设计的工作间；职教名师工作室是专业建设与发展的智囊团。

六项培养计划：科技创新与社会服务团队

林业职业院校若没有科研工作，那与社会上的培训机构有何异？ 教学科研乃立学之本、兴教之策、强校之基，是学校可持续发展的不竭动力。推动整合科技力量，林业职业院校的科研活动到底该怎样展开呢？毫无疑问，科研工作要为教学中心工作服务，走出校门，到生产实践中寻找课题。2012年，宋丛文到任学校后，立即推动实施林业科技创新与社会服务团队建设。组建了"林木育种与人工林培育"等10个林业科技创新与社会服务团队，引导教师深入到行业中去，开展产品开发、技术革新、生产工艺改进等方面的研究探索。通过团队建设改变现有大部分教师独自钻研的科研现状，通过团队的带动，形成各专业（群）的独特优势与方向，促进中青年人才的快速成长；明确学校科研的目标和方向，形成可持续发展的机制；提高整体科研水平和社会服务能力；促进专业群建设和人才培养质量的提升。

他要求，建立一支结构合理、有较强研究能力、特色明显的科技创新及服务队伍，每一个成员都形成较为明确的研究与主攻方向。团队以教学单位为依托，围绕2—3个相对稳定、相互关联、与林业相关的研究专题进行建设，并制定相应的研究规划。

团队的成员一般由5～10人组成，以中青年教师为主，其中核心成员3～5人（不少于3人），有较强的独立开展研究和技术服务的能力，可以跨院（部）参加团队。核心成员原则上不能同时参加多个科研团队。

对于研究方向属于学校重点发展专业群领域或能够为经济社会

发展解决实际问题的团队，在同等条件下，学校给予优先资助。团队建设分为一般经费和校级项目经费。一般经费：每个科研团队每年资助1万元，主要用于人才培养、学术交流等。校级项目经费：团队所属成员在经过团队论证后申报校级科研项目，每个科研团队在一个建设周期内只申报一个项目，确定一个研究方向，根据项目完成情况每年资助经费3万～5万元。同时，学校鼓励科研团队通过申报校外课题和社会服务等方式获得校外经费资助。

在团队（第一期）建设阶段，获湖北省科技进步三等奖1项，科技成果推广三等奖1项；完成省级科技成果鉴定6项；主持行业标准1项；主持湖北省地方标准4项；主持中央财政林业科技推广项目8项；编制各类规划12项；湖北省科技厅、湖北省教育厅、湖北省生态环境厅等省级教科研项目14项，这些团队顺利进入第二期建设阶段。教学研究是学校人才培养的一项重要工作，组织开展好教学研究工作非常必要。学校设立校级教研项目，组织开展职业教育教学研究工作，鼓励老师们积极申报省级、国家级教研项目，并给予配套资金支持。2018年，教研项目获得第八届湖北省高等学校教学成果二等奖，同自身相比，实现了历史性突破。

湖北生态工程职业技术学院第二期科研团队及研究项目

团队名称	团队负责人	代表性研究项目
林业生态工程	杨 旭	湖北大别山植物群落及其物种多样性分布格局与形成机制
		洪水对龙感湖湿地生态系统的影响研究
		湖北省典型村镇生活垃圾处理处置研究
生物技术与现代林业	王丽珍	观赏银杏良种的选育及其栽培技术
		濒危树种秤锤树种质资源评价与保护研究
		土壤增温剂对雷竹笋早出丰产栽培技术研究
林业有害生物防治	赵玉清	美国白蛾生物防控技术研究
林木育种与人工林培育	周忠诚	麻城杜鹃生物学、生态学特性与繁育技术研究
园林植物与观赏园艺	汪 洋	湖北红椿种源试验及丰产栽培研究
		菌根真菌调控茶树生长和根系发育的机制研究
		紫薇等树种标准化育苗技术研究
园林建筑工程	肖 玲	新农村建筑低成本节能技术研究
林业机械开发与应用	刘振明	树干径流采集网络自动传输系统开发与应用
森林生态旅游资源开发	付 艳	湖北省森林生态旅游开发模式研究
		湖北地域特色庆典文化及视觉传达研究
		湖北农村电子商务物流发展现状及对策研究
木材加工与室内设计	汪 坤	陶制品的时尚化开发
		几种家具造型创新设计研究
		农作物秸秆生产木塑复合材料的技术研究
林业与生态文明研究所	秦武峰	湖北省森林城市建设成效评估与评价指标调适研究

六项培养计划：兼职教师队伍建设

聘请来自行业第一线或民间具有丰富工作经验和较强专业实践能力的兼职教师，优化教学团队的"专兼结构"，提升其整体教学水平，是目前职业院校师资队伍建设的重要战略之一。[43]政府颁布的一系列政策法规也一再强调从企业引进兼职教师，充实职业院校"双师"教学团队，是职业教育本质属性的体现。

兼职教师作为职业院校"双师型"教师队伍建设的重要组成部分，对加强职业院校内涵建设、提高实践教学质量发挥着举足轻重的作用。湖北生态工程职业技术学院党委提出了技能人才培养要借才引智助力，在优先发展的重点专业、优势专业、特色专业中争取楚天技能名师岗位，设岗楚天技能名师有15位，这些名师为人才培养做出了显著成绩。依照"按需聘用、保证质量、权责分明、注重实效、合约管理"的原则聘用兼职教师，兼职教师包括两个方面：

外聘教师。外聘教师是指从行业企业或相关高校聘请的能够独立承担专业课教学或实验实训指导任务、有较高教学水平和较强实践能力，并能在时间上满足教学计划安排的校外专家。

返聘教师。返聘教师是指具有丰富教学经验，能够独立承担专业课教学或实验实训指导任务，且身体健康、师德优良的退休教师。

学校对兼职教师队伍的建设进行管理创新，根据兼职教师专业、职业特点，有效构建科学、合理的兼职教师聘用和管理框架。学校专业发展和课程建设要求，结合师资队伍结构现状，制订合理的兼职教师聘用计划；结合聘任条件，遵循公平、公正、公开的原则，规范兼职教师聘任选拔机制，严格执行选聘监督机制，选拔合适的优秀兼职教师到校任教。兼职教师主要来源于企业或民间技能

---

(43) 王亚南：《高职院校教师管理文化、现状、问题及重塑路径》浙江师范大学级硕士学位论文。

学校引进的"楚天技能名师"

楚天技能名师	湖北省高等职业院校楚天技能名师杜钟生	园林技术专业
	湖北省高等职业院校楚天技能名师罗治建	林业技术专业
	湖北省高等职业院校楚天技能名师陈胜	会计电算化专业
	湖北省高等职业院校楚天技能名师郑联合	森林生态旅游专业
	湖北省职业院校楚天技能名师赵虎	园林技术专业
	湖北省职业院校楚天技能名师赖礼芳	物流管理专业
	湖北省职业院校楚天技能名师周席华	林业技术专业
	湖北省职业院校楚天技能名师汪伟红	森林生态旅游（酒店管理）专业
	湖北省职业院校楚天技能名师田杨红	室内设计技术专业
	湖北省职业院校楚天技能名师何景云	机电一体化技术专业
	湖北省职业院校楚天技能名师袁俭	室内设计技术专业装饰材料与施工工艺教学岗位
	湖北省职业院校楚天技能名师张诚	园林技术专业 园林规划设计教学岗位
	湖北省职业院校楚天技能名师雷刚	环境监测与治理技术专业水资源保护与水污染治理教学岗位
	湖北省职业院校楚天技能名师林芳	会计电算化专业纳税实务教学岗位
	湖北省职业院校楚天技能名师孙艳霞	园林技术专业室内花卉与插花艺术教学岗位

大师，他们具有丰富的实践工作经验和较强的专业技能，但他们对教育教学规律却并不熟知，缺乏相应的教学经验和理论水平。学校定期开展教育学、心理学等教育教学理论方面的培训，同时考虑兼职教师的自身发展需求，为其提供学习进修机会，拓宽和更新兼职教师的知识体系。

走向世赛：楚天技能名师孙艳霞

中国花卉协会零售业分会副秘书长、湖北省花木盆景协会插花分会副会长、中国插花协会高级讲师、国家一级陈设师、第44届世界技能大赛湖北省教练、湖北十大花艺师孙艳霞女士，作为"楚天技能名师"，每年定期来校授课150余节，参与制定花艺特色班人才培养体系、培养方案以及课程标准建设。2016年第44届世界技能大赛花艺项目全国选拔赛，孙艳霞女士作为湖北省技术指导专家参与指导完成选手选拔与培训工作。

她针对选拔出的选手特点，对接世赛标准，从花艺设计理念、色彩理论、构架构图和技艺技法等入手，攻坚花束设计制作、房间装饰、切花装饰等8个模块的比赛内容。2017年1月，学校2015级学生徐薇、吴文霖等组成参赛代表队，代表湖北在第44届世赛花艺项目全国选拔赛中脱颖而出，夺得全国总分排名第二名和第三名的好成绩，打赢了首场技能创新攻坚战。学校被人力资源和社会保障部确定为"第44届世界技能大赛（花艺项目）中国集训基地"。学校花艺项目世赛基地培养的选手潘沈涵在第44届世赛花艺项目上夺得金牌。

文化自信：园林古建大师工作室

1968年，英国历史学家汤因比与日本哲学家思想家池田大作进行了一场"展望二十一世纪"的对话。汤因比说"近代初期的乌托邦理论，几乎都是乐观的。这是因为，没有明确地把科学进步和精神上的进步，看成是截然不同的两回事。他们错误地认为，累积科学和技术上的进步，会自然地累积精神上的进步。"汤因比当时已对现代科技所引发的人类现代文明的严重缺失，表达了深沉的忧虑。对此，著名历史学家章开沅指出，汤因比对人类文明前途的思考是非常深刻的，给我们提供了一个颇为重要的观察维度。

如何进一步推动传统专业转型升级？如何将传统专业办成特色高水平专业？宋丛文一直在思索这个问题。他要求园林技术专业率先试点，通过与兼职教师合作建立园林古建大师工作室，开设古建工程技术专业并招录新生。他说，按照"四个自信"的要求，传承传统文化不是"回归"，而是文化自信的新出发。他自己带队到杭州与杭州赛石园林签订合作协议，共建古建大师工作室，开展古建筑工程技术专业现代学徒制工作。工作室既是古建筑工程技术专业学生学习的教室，也是学生动手操作的车间。工作室结合校园山顶景观建设，有计划、有目的、有组织地完成一系列园林古建筑的设计与施工项目。在校园内开展由古建大师带领、专业教师组织、古建工匠指导、专业学生全员全程参与的实训教学，全面实行了工学合一、理实结合的教学模式。

传承非遗：民间工艺技能大师徐海清

非遗传承教育的核心一方面在于形成辐射全社会的、独特的优秀传统文化，另一方面在于培养具有深厚文化素养、精湛专业技艺、自主创新能力的非遗传承人。这与职业教育培养满足社会需要的高素质技术技能人才，着力培养学生实践能力、创新意识与创新能力相契合。同时，职业院校产教融合平台、实践教学体系、教师实践教学能力不仅为培养非遗传承人奠定了坚实基础，而且形成了职业院校推动非遗文化传承的独特优势。[44]

徐海清，高级工艺美术师、中国工艺美术协会中青年委员会委员、湖北省工艺美术大师、湖北省工艺美术家协会理事、湖北省工艺美术学会理事、湖北省民间文艺家协会会员、湖北省非物质文化遗产传承人、武汉市民间艺术家协会会员。从事竹雕研究30余年，延续了我国明清时代的雕刻风格；擅长书法、绘画、宣纸烙画、板烙画、布烙画、传统皮影戏人物、雕塑、竹木石雕刻等工艺美术的研制工作。在党委书记宋丛文的邀请下，徐海清大师于2015年受聘为客座教授，学校与徐先生共同组建"徐海清大师工作室"，开设徐海清大师《雕刻艺术》公共选修课，成为非常火爆的选修课，其所带学生1506107班程倩同学的作品，在共青团湖北省委、湖北省学生联合会共同举办的第十二届"楚风杯"大学生书画大赛暨第三十一届全国大学生樱花笔会中荣获绘画组优秀奖。这样的合作更好地履行了职业院校文化传承的重要职能，传承竹雕、木雕、剪纸、泥塑非物质文化遗产，促进创新创业型人才健康成长，为高技能领军人才开展技术创新、技能攻关、带徒传技搭建平台。

双方还开展了"皮影艺术传承合作项目"，以传承非物质文化为宗旨，以繁荣校园文化、促进文化育人与精神文明建设为目的，采取校地结合，组建非营利性文化活动社团"问津生态皮影艺术团"，以此为载体，开展皮影艺术传承和文体交流活动，丰富校园文化生活。

通过与行业的技艺大师、非物质文化遗产传承人等合作，依托职业教育体系共建工作室或非物质文化遗产保护基地，在保护、传

---

[44] 杨建新：《非遗传承与创新 职业院校能发挥独特作用》光明日报，2019年2月8日。

承和创新民族传统工艺与非物质文化遗产,培养民族文艺人才方面发挥了积极作用。在传统文化的生态环境、生存方式发生巨大变化的背景下,通过现代职业教育培养"非遗"传承人才,实现了"非遗"项目的活态传承。

师资队伍建设已成为林业职业院校内部治理活动中校领导最为关注,投入最多,最为活跃的领域之一,对师资队伍建设的重视,源于对职业教育质量的担忧,而教师水平是影响教育质量的关键因素。的确,师资队伍水平离期待还有很大差距,同时,师资队伍建设是一项长期的,持续的工程,从教师个人的角度说,其能力的形成不是一蹴而就的,而是一个持续的、稳定的,前后之间有连续性关系的过程(徐国庆)。比如,我们可以把教师能力划分为新入职阶段、骨干教师阶段和专家型教师阶段,教师能力发展要跨越这几个阶段,需要相当长的时间。从教师群体的角度看,教师培养的全覆盖性,要求师资队伍建设必须是一项持续性工作。所以,从湖北生态工程职业技术学院师资队伍建设的历程上可以得出结论:林业职业院校师资队伍建设只有实现了制度化,才能从根本上解决教师能力发展问题。

第六章

抓人事制度特色

　　林业职业院校举办高等职业教育的历史不长，普遍由原中专学校升格而来，虽然进行了校内人事分配制度改革，取得了一定成效，但受到原中专校思维定式的影响和制约，人事分配制度改革大多在学校一级管理模式下运作，很大程度上影响了教学单位的办学活力和办学效益，重身份重资历、轻岗位轻绩效等弊端仍然存在，具体表现在以下几个方面，一部分人员思想观念跟不上新形势发展的要求，说话、办事等自觉不自觉地又回到了原有的思维定式上来，习惯于一级管理模式运作，责、权、利不统一。教学单位一级领导执行的是管理岗位绩效，只要年度考核合格以上，全年的校内岗位绩效就如数发放，因而带领广大教师做教学、科研工作的积极性不高，带头人作用不能充分发挥。教师的校内岗位绩效只与教学工作量、承担班主任等工作有关，与专业（课程）建设、科研工作等没有太多关系或激励力度不够，因此，一部分教师追求教学工作量，不愿做专业建设、科研工作，大量的教学建设任务在教务、教学单位一级领导手中难于实施，影响学校内涵建设与发展及教师整体素质的提高。无论是教师岗位还是管理岗位人员的校内岗位绩效，与其身份、职务有关，因此，同一岗位人员校内岗位绩效出现倒挂现象。

以上问题，一定程度上影响了一部分教职工工作的积极性、创造性，已不适应林业职业院校快速发展的需要，改革势在必行。湖北生态工程职业技术学院就走在了这一轮改革的前列，自2013年以来，实施了校院两级管理体制下突出岗位职责和绩效考核的新一轮人事分配制度改革方案，并取得了良好的效果，为林业职业院校进一步深化人事分配制度改革探出了一条新路。

湖北生态工程职业技术学院一方面本着有利于提高教育资源使用效益的原则，以校院两级管理为目标，建立任务与投入资源挂钩，编制定员与经费动态包干相结合的内部管理体制和运行机制；另一方面本着定岗定责、竞争上岗、择优聘用、注重业绩的原则，突出岗位职责，实施小部门、大学院，做好服务工作，打造服务型部门。同时，通过建立科学的考核、评价、监督体系，对各二级学院实施目标管理和绩效考核，建立促进教职工提高自身素质和水平的自我激励机制，努力创设有利于优秀人才脱颖而出的良好环境，并切实保障与学院投入资源挂钩的任务的完成。学校人事制度改革得以顺利推行，在于党委对青年教师的关爱，摒弃功利化的用人方式，努力为他们创造安心发展的教育教学环境。教师聘期结束，教学考核如果有问题，或是没有晋升为高级专业技术职务，学校给予一定的学习期限，只要考核合格仍然可以登台教学；对于实在不过关的教师，鼓励在学校内部转向后勤管理和体育教学岗位，保障教师"有饭碗"，让他们体面而有尊严地教学、研究和生活。这一政策和做法也有利于教师"能上能下""能进能出"用人机制的建立与完善，给认真教学、科研的青年教师以平台，给滥竽充数者以压力。

定岗定责一岗三责

根据教学、科研、专业建设、管理等工作任务的需要,将教学、科研、建设、管理、学生工作等任务合理分配到各二级学院,根据总任务,科学设置岗位,制定岗位职责、上岗条件,实施岗位任务管理。在全校启动实施"一岗三责"(主体责任、监督责任、安全责任),开展对教职工履行"一岗三责"情况调查,全体教职工就履行"一岗三责"作出公开承诺。在内部全面实行聘用制,并规范聘用程序,做到公平、公正、公开,平等竞争,择优聘用。同时,强化岗位职责,打破职务壁垒,按岗定薪,以绩取酬,责酬一致。在校内岗位业绩津贴分配上向教学科研一线倾斜,向优秀拔尖人才、中青年骨干教师和管理骨干倾斜,同时统筹协调各方面的利益,正确处理好改革与稳定的关系。通过岗位激励机制,实现岗位聘用能上能下、待遇能高能低、人员能进能出的人才资源合理配置,真正实行由身份管理向岗位管理的转变。学校和教职工在平等自愿的基础上,通过签订聘用协议,确立受法律保护的人事关系。

构建全面薪酬体系

绩效薪酬分配制度是内部管理改革的中心,也是学校快速适应社会经济发展的关键。2012年以来,湖北生态工程职业技术学院针对学校薪酬体系的现状及存在问题,借助激励理论和全面薪酬理论,对薪酬管理制度进行了再设计,探索科学、合理而有吸引力的薪酬体系,基本实现"对内保持公平性、对外保持竞争性"。

学校根据各类教职员工的岗位特点,设计了基于岗位责任和岗位贡献的绩效工资分配方法。其基本原则有三条,一是以岗定薪,按劳分配。根据工作需要和学校发展战略目标设置岗位,一岗一职,竞聘上岗。多劳多得,优劳优酬,责酬相符,待遇要能高能低。绩效分配托底不限高,合理拉开差距。二是绩效优先,兼顾公平。实施绩效工资要向一线教学科研岗位、高层次人才、业务骨干和做出突出成绩的教职工倾斜,充分体现单位和个人的工作业绩、工作质量和工作效果,打破平均主义,合理拉开分配差距,保障基本收入。三是分级管理,自主分配。实施绩效工资要深化校内管理体制改革,二级学院根据学校绩效工资实施办法,制定本部门绩效奖励办法,建立二级管理体系,扩大二级学院的分配自主权,逐步实现学校管理重心下移。在方案设计中绩效工资包括基础性绩效工资和奖励性绩效工资。基础性绩效工资是学校根据主管部门规定和当地经济水平确定的,通常情况下教职工只要完成设定的基本工作量或者达到岗位基本考核标准即可获得基础性绩效工资。奖励性绩效工资总量为核定的绩效工资总量减去基础性绩效工资总量。下文重点介绍奖励性绩效分配改革的做法。

学校改变惯性思维,突破机制瓶颈,创新工作方法,让绩效工资回归"绩效"本意。绩效工资分配实行总额切块、动态包干,进一步向重点岗位倾斜,向教学及学生管理一线倾斜,做到了绩效收入与岗位职责、工作业绩和贡献大小挂钩,做到了与现行分配制度以及目标管理责任制有效衔接,发挥了分配制度的正向激励作用,在整体提高分配标准的同时,适当拉开了分配距离,进一步加大了向教学、管理第一线人员倾斜的力度,更加突出了教学工作的中心地位。

学校奖励性绩效工资总量的增减遵循量入为出原则,按照当年奖励性绩效工资批复额度执行。奖励性绩效工资 = 专项奖励性绩效工资 + 业绩奖励性绩效工资。为体现以教学为中心的要求,行政部

湖北生态工程职业技术学院全面薪酬结构

外部回报 (自身以外)	直接薪酬 (基本薪酬)	基础性绩效工资 奖励性绩效工资
	间接薪酬 (福利)	法定福利
内部回报 (心理感受)	参与决策	
	获得更大的工作空间或权限和责任	
	更有质量的工作	
	个人成长机会	

门业绩奖励性绩效总额＝教学单位人员人均值×90%×行政人员人数。

业绩奖励性绩效工资是根据全校在岗工作人员在本岗位上年度履职尽责情况进行考核发放。业绩奖励性绩效工资实行专任教师、行政人员两类管理，学校与各单位动态分配，对各类人员履行岗位职责及工作业绩（工作的量和质）情况进行考核的基础上进行总量分配，再由各单位进行分配。

（1）专任教师中能胜任本职工作、对工作认真负责、服从学院整体安排、业务水平优秀的人员按业绩工作量核算业绩奖励性绩效，工作量实行1+3模式，1为上课教学工作量，3为教研工作量、科研工作量（立项科研项目）、公益性社会服务工作量，全部按课时折算成业绩工作量。

（2）专任教师业绩奖励性绩效＝业绩工作量×课时标准

行政人员业绩奖励性绩效总额＝本部门专任教师业绩奖励性绩效平均值×（90%—95%）×调节系数（调节系数根据教学单位学

生人数、绩效系数值等基数进行确定）× 行政人员总人数

行政部门业绩奖励性绩效总额 = 教学单位人员人均值 × 90% × 行政人员人数

行政人员个人业绩奖励性绩效测算值 = 行政部门业绩奖励性绩效总额 / 人员系数总和 × 人员对应系数

行政人员业绩奖励性绩效由学校根据系数测算后，以部门为单位，将部门人员绩效总额划拨到部门进行二次分配。

人员业绩奖励性绩效 = 部门人员业绩奖励性绩效总额 / 部门人员业绩奖励性绩效系数总和 × 人员业绩奖励性绩效系数

人员业绩奖励性绩效系数 = 奖励性绩效系数 × 业绩考核调节系数 × （实际上班天数 + 额外工作量天数）/ 全年应上班天数

额外工作量天数由各部门根据真实情况自行汇总并经部门分管领导审核后按月上报，日常工作在上班时间未完成在下班时间完成的不能算作额外工作量，原则上突发事件和专项事件才能定为额外工作量。

兼职教师业绩奖励性绩效 = 业绩工作量 × 课时标准

改革职称评聘办法

高校自主制订本校教师职称评审办法和操作方案，职称评审办法、操作方案报教育、人力资源社会保障部门及高校主管部门备案，将教师职称评审权直接下放至高校，由高校自主组织职称评审、自主评价、按岗聘用。[45] 评审权下放意味着林业职业院校教师职称评审过程控制主体从政府转移到学校，林业职业院校教师职称评审

---

(45) 教育部等五部门关于深化高等教育领域简政放权放管结合优化服务改革的若干意见，教政法〔2017〕7号。

标准从相对统一转变为具有高校特色，教师职业生涯发展从依赖政府转移到依赖学校。[46]职称评聘工作是林业职业院校人事管理制度的一个重要组成部分，与学校岗位设置管理工作密不可分，二者具有相互引导和促进的作用。目前，职业院校中职称评聘普遍采用评聘结合的模式，也有运行先评后聘模式的。评聘结合的模式是将职称评审与岗位聘任对应进行，在取得职称任职资格的同时进行岗位聘任，并按所聘岗位等级直接兑现工资等待遇。湖北生态工程职业技术学院采取的是先评后聘模式，凡是达到职称系列规定的申报条件以及学校规定的相应申报条件的教师，通过申报、评审并取得国家认可的职称资格的，然后在空岗范围内进行竞聘上岗，上岗后兑现相应岗位等级工资等待遇。它的特点是职称与职务相分离，专业技术职务评审委员会对申报者个人的专业技术资格负责，学校的岗位设置聘任委员会对应聘者所聘任的岗位负责，这对教师职务终身制的挑战又进了一步。它具有评聘结合的优点，而且较好地适应了当前林业职业院校全面推行岗位设置管理的要求。有助于学校人事制度改革，有助于调动教职工的积极性。湖北生态工程职业技术学院按照不低于省级标准的基本要求，自主确定了教师专业技术职称评审标准，创造性地提出了教师职称量化考核总分的计算公式，作为教师职称评审的基本遵循，初步解决了职称评审中存在着"劣币驱逐良币"现象[47]，实现了以教师职称评审权下放后的制度性安排优化内部治理。

　　成立评审机构。成立职称改革工作领导小组（下设办公室），负责学校职称改革有关工作，制定评审标准、评审工作方案，组织评审实施。

---

(46) 刘金松：《高校教师职称评审权下放：逻辑、变革与瓶颈》中国高教研究 2017,(07)。
(47) 韩明：《从职称评审看高校"劣币驱逐良币"现象的成因与对策》高教探索，2010 年第 3 期。

制订评审工作方案。方案包括评审时间、参评学科（专业）岗位职数情况、评审标准条件、评审工作程序、监督管理办法（包括投诉举报受理及处理机构、程序）等。工作方案按照学校章程规定，广泛征求教师意见，经"三重一大"决策程序讨论通过并经公示后执行。

组建评委库。组建相应层级评委库，评委库人选优先遴选高水平的教育教学专家和经验丰富的一线教师。高级职称评委库按出席高级职称评审委员会（含学科评议组）评委人数5倍及以上的比例组建。中级职称评委库按出席中级职称评审委员会（含学科评议组）评委人数3倍及以上的比例组建。

组建评审委员会。评委由学校纪检部门、职改部门从本校高级职称评委库中按评委需求和相关规定随机抽取。本校评委库人选不能满足评审学科需要时，还从省教育厅组建的省级评委库中抽取。

高级职称评审委员会17名委员，其中，主任委员一名，副主任委员二名，主任委员由学校主要负责人担任，副主任委员由主任委员提名，在评委中产生。主任委员和副主任委员由全体评委表决通过。除主任委员外，已经连续两个年度担任评委的，不得再被抽取担任评委。

中级职称评审委员会13名委员。中级职称评审委员会参照高级职称评审委员会规定执行。中级职称评审委员会可与高级职称评审委员会一并组建。

组建评审纪律监督委员会。评审纪律监督委员会由学校领导，纪检、办公室等部门负责人和专家代表组成，参与评委专家的抽取与监督，对评委及工作人员提出纪律要求，全程监督职称评审工作，对评审期间重大违纪违规事件进行调查处理等。

组织实施评审。高级职称评审委员会下设学科评议组，在全面审阅参评对象申报材料的基础上，依据实施方案有关规定，按照基本条件审核、代表作（含作品、产品）审读、面试答辩（指申报高级职称人员）和量化评分等程序组织评议，以综合得分高低依次排序确定，提出建议通过对象并提交评审委员会审议。评审委员会全体委员对学科评议组的推荐程序及结果进行审议，按照年度职称工作规定的评审通过率和参评高校年度评审职数，进行实名制投票表决，赞成票数达到出席评审委员会委员人数2/3（含2/3）以上的，为评审拟通过人选。拟通过人数超过参评高校本年度评审岗位职数则评审结果无效。破格参评对象，按照有关文件规定执行。中级职称评审程序参照高级职称评审程序执行。

公示。资格审查通过人员名单、评审拟通过人员名单在学校校园网上公示，公示时间为5个工作日。

备案。在评审结束后20个工作日内向湖北省职改办和湖北省高校教师系列职改办报送评审结果，按要求提交备案材料。

程序是统一的规定动作，但过程及数据来源独具特色，每年评委会只需根据教师参评名单，调取教师的年度业务考核档案，直接排名，彻底根除了过去职称评审过程教师整理资料，打印资料等极大浪费人力资源的场景。

宋丛文常讲：**职称任职资格的获得，仅仅是教师获得相应岗位聘用的基本条件之一，而不是全部条件。**学校尤其加强对教师职称的聘用管理，对聘任的具体实施、岗位竞聘等制定相应的实施方案与相关规程，明确教师的聘期、相应责任以及工作任务，将考核的指标和内容进行具体的量化，采取聘期考核与年度考核相结合；教学工作考核定量与定性考核相结合；师德考核与聘期考核相结合，并在教师职务（职称）评审、岗位聘任等方面实行一票否决；制定岗位任期目标责任制、把履行岗位职责以及聘期考核及年度考核情况作为续聘、缓聘、低聘、解聘的重要依据。真正做到以岗定薪、岗变薪变，将贡献与个人待遇紧密挂钩。使职称评聘从原先重身份评审向重岗位、重聘任、重考核转变，建立能上能下、能进能出的用人机制，从而打破学校内部人员臃肿和人浮于事的现象，切实增强专业技术人员的责任感、危机感和竞争意识，激励专业技术人员积极进取、潜心教学，提高学校用人效益。

实践证明，先评后聘这种职称评聘分开的模式，较好地适应了林业职业院校岗位设置管理制度。聘后管理应不断完善和改进以"淡化身份、强化岗位、按岗竞聘、目标管理、绩效考评"为主要内容的岗位管理制度，就是要实现身份管理向岗位管理转变，职称结构比向岗位结构比转变，固定用人向合同用人转变，职务等级工资制向岗位绩效工资制转变，从而实现以岗定薪、岗变薪变的科学合理的薪酬制度。岗位聘后管理真正做到动态管理，达到高职低聘、能上能下的人事制度改革目的；通过岗位聘后管理，激发教师工作积极性，使教师在岗位竞聘中得到锻炼和成长。

第七章

抓合作交流特色

近年来,国家一系列有关教育对外开放文件的出台,国际化办学成为职业院校的重点发展方向,对外交流合作成为职业院校必须参与的、事关学校办学质量提升的重要任务,湖北生态工程职业技术学院实施"开放交流拓空间"战略,搭建"三个桥梁"。

校企合作:搭建产教融合的共赢桥

校企融合是办高质量职业教育的前提。党的十九大对职业教育深化产教融合提出明确要求。国务院出台的《关于深化产教融合的若干意见》进一步做出全面部署,教育部等6部门关于《职业学校校企合作促进办法》甚至明晰地提出了"产教融合型企业"这一概念,将企业也视为教育机构,产教融合成为国家教育改革和人才资源开发的基本制度安排。纵观全国,职业教育面临的难题大致相同,其中一个最为迫切的问题就是产教怎样深度融合。企业的参与决定了产教融合的深度。宋丛文提出,**校企合作是解决职业院校一切工作的金钥匙,要站在政治层面看待校企合作、产教融合工作,要加大与湖北的企业、与林业行业企业合作的力度**。湖北生态工程职业技术学院首先从湖北省林业龙头企业破题,每年承办湖北林业产教融合工作推进会,选择基础较好、意愿较强的龙头企业,促进这些企业与学校的深度融合。通过"引企入校、联企办班"等形式,拓展校企合作育人的途径与方式,促进行业企业参与人才培养全过程,逐步走向一种"双主体"的教育模式。

一是校企合作建设优势专业。办好校企合作教学改革试点班,利用企业在资金、技术、信息等方面的优势,开展合作招生、共建实训基地、共同制订和实施人才培养方案;学校主要负责理论课程教学、学生日常管理等工作,企业承担实践教学任务。

二是校企合作培养师资队伍。推进与有关企业共建"双师型"教师培养培训基地,继续推行青年教师到企业顶岗锻炼的制度。**宋丛文常讲:校企合作能否开展的起来,根本在于教师能为企业做些什么事,教师能为企业解决什么问题。推进校企合作的关键前提在于提升教师的实践能力。**要求专业教师每五年深入企业实践时间累计不少于6个月,提升教师队伍的实践能力和动手能力。制定教师下企业选派计划,每年确保选派4—5名骨干教师到大中型企业进行7—9个月的工程实践锻炼。聘请专业基础扎实、实践经验丰富、操作技能突出的高级技术人员、能工巧匠,承担专业课教学、实训、实习指导任务,充实师资队伍,建立相对稳定的兼职教师队伍。

三是校企合作开展现代学徒制。选择有意愿、有需求、有能力的企业开展"招生即招工、入校即入厂、校企联合培养"的现代学徒制试点工作。根据合作企业需求,与合作企业共同研制招生与招工方案,扩大招生范围,改革考核方式、内容和录取办法;共同研制人才培养方案、开发课程和教材、设计实施教学、组织考核评价、开展教学研究等。签订合作协议,学校承担系统的专业知识学习和技能训练;企业通过师傅带徒形式,依据培养方案进行岗位技能训练,真正实现校企一体化育人。比如,计算机类专业不断创新人才培养模式,率先尝试了"1+X"证书制度试点工作,使学生在获得专业知识的同时,获取"1+X"证书,提高社会竞争力,激发学生的工作热情，提高学生的学习效率，帮助学生真正能胜任技术岗相关工作。宋丛文要求分层开展校企合作，他借鉴深圳职业技术学院的做法，实践中形成了林业职业院校校企合作的四种模式。

与国内重点龙头企业合作校企办学模式。企业或行业以资金、设备、场地等方式资助学校办学。一是建立校外实训基地。企业为学校提供校外实训基地，为专业课教师和学生提供实践场所，加快"双师型"教师培养，提高学生的职业技能和就业能力。二是共建校内实训基地。学校提供场地，合作单位提供相关设备或资金共建实验实训室，增强学校实训实力，强化学生的技能培训，共同培养技术应用型人才。三是共建培训中心。与企业集团、知名企业、行业龙头企业在校内建立校企合作培训中心（基地）。根据企业员工培训需求，也与企业合作建立各种形式的校外员工培训中心。四是共建研究所。与企业集团、知名企业、行业龙头企业、行业协会、行业、中心共建研究所。五是企业设置奖教和奖学基金。比如长绿园林公司在校设立"长绿五德助学基金"。

与省内行业龙头企业合作校企育人模式。企业参与专业设置、人才培养方案的制定与实施，如论证专业的设置、制定专业教学计划、制定和修改课程教学大纲；企业作为校外实践教学基地，为学生提供课程实习、毕业设计、顶岗实习的条件等。一是工学交替。即采用理论学习与技能训练交替进行的方式，理论学习在学校完成，技能训练在有关企业完成。根据工学交替的学习内容确定学生在企业参加生产实践和在学校参加理论学习及实训的时间。二是校企联合办班。招生时与企业签订联办协议，企业参与学校教学计划的制定，并指派专业人员指导专业教学。企业为学生提供实习基地和设备，学生在校期间可到企业参观和实训，毕业时到企业实习就业。从而实现"实现招生与招工同步，教学与生产同步，实习与就业联动"。三是举办"企业杯"专业技能竞赛。举办由企业冠名的专业技能竞赛，由企业发放技能证书和奖学金。通过技能竞赛，既可以调动学生苦练技能的积极性，提高相关技能，又可以提高学校和企业的社会知名度，真正实现学校和企业的双赢。

与普通企业合作校企就业模式。一是订单式培养。通过契约方式，按照用人方的要求制定并履行人才培养方案，直接为用人方培养所需人才。有长期、中期、短期等不同的订单方式。实现了订单班人数占在校生人数的10%以上。二是顶岗实习就业。组织学生毕业前到企业顶岗实习，并聘请企业专业技术人员作为学生实习指导教师，由学校颁发聘书。实习结束后企业择优录用、学生双向选择。三是优先推荐优先就业。优先将优秀毕业生向合作企业推荐，企业优先接收合作学校的毕业生。

与区域内技术落后企业合作培训与服务。一是攻克技术难关：组建由企业技术人员和专业教师共同组成的技术攻关组，合作攻克行业、企业发展中急需解决的技术应用难题。二是研制开发产品：产品是企业占领市场的主体，以市场为导向，不断研发新产品，是企业在竞争中求发展的重要战略。学校利用教学设施和教师的科研实力，与企业共同研制产品。三是培训企业员工。根据企业需要对企业的管理人员、技术人员和一线工人进行技术管理知识和专业理论培训，提高企业员工的业务素质和文化素质。

四是合作建设多个技能大师工作室。与湖北省非物质文化遗产代表性传承人、湖北民间工艺技能传承大师徐海清先生共同组建"徐海清大师工作室"取得成功经验的基础上，与相关行业的技艺大师、非物质文化遗产传承人等合作，依托职业教育体系共建工作室或非物质文化遗产保护基地，在保护、传承和创新民族传统工艺与非物质文化遗产方面发挥更大作用。

校企合作运行机制

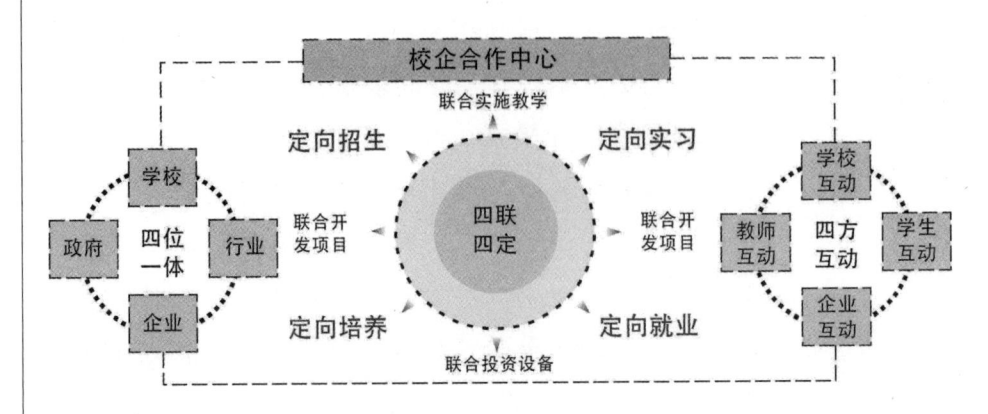

经验与启示：产教融合必须鼓励政产学研用多方共同参与，创新全方位的合作模式；产教融合必须以资源互补、协同发展为原则。随着国家关于产教融合制度的完善，对企业参与产教融合的约束机制和激励机制的加强，将充分发挥企业在产教融合中的立体作用，这也是林业职业院校的契机。

校际合作：搭建学生成才的立交桥

校际合作是职业院校之间的合作与交流，双方以共同发展为合作前提，培养目标高度一致。《现代职业教育体系建设规划》要求：到2020年，形成适应发展需求、产教深度融合、中职高职衔接、职业教育与普通教育相互融通，体现终身教育理念，具有中国特色、世界水平的现代职业教育体系，建立人才培养立交桥。为此，湖北生态工程职业技术学院采取加强与各类学校的合作，为学生的成才提供多种途径。

一是与普通高中的合作，建设优质稳固的生源基地。学校与329所普通高中建立了良好的关系、采用行之有效的措施，通过传统平面媒体宣传、网络媒体宣传、自媒体宣传、师生实地宣传和数字媒体宣传等多种途径，宣传学校的优势和特色，这种融洽共赢的合作关系，为普高毕业生提供好的升学选择，也为学校争取优质生源。

二是与中职学校的合作，实现中职高职的有效衔接。开展教育扶贫和对口支持等活动，与200所以上的中职学校建立合作关系，并与合作的中职学校加强在培养目标、专业设置、课程体系、教学过程等方面的衔接。探索对口合作、集团化发展等衔接方式，以输出品牌、资源和管理的方式与有关中职学校成立连锁型职业教育集团。实行以初中为起点的五年制高等职业教育，"3+2"、"2+3"等多种衔接途径，让中职学生有更多的选择机会。

三是与应用本科的合作，打通高职学生的上升通道。政府支持在职业教育内部，系统构建从中职、专科、本科到专业学位研究生的培养体系，以满足各层次技术技能人才的教育需求，服务一线劳动者的职业成长。学校与武汉生物工程学院合作，落实职业教育接续培养制度，采用联合开办本科高职班或直接输送生源等形式，满足部分毕业生继续深造的愿望，打开职业院校学生的成长空间。

四是与普通本科的合作，实现普教与职教相互沟通。与普通本科院校建立课程和学分互认的合作关系，搭建与普通教育双向沟通的桥梁。采用"学力补充"的有效措施，弥补由体系不同造成的知识（技能）差距，打通与合作学校之间通过考试实现转学、升学的通道，实现跨体系流动。

校地合作：搭建社会服务的连心桥

加强校地合作，发挥学校在推进产业转型升级、支持区域经济发展方面的技术和人才支撑作用，努力成为促进区域经济社会发展的人才库、智囊团和助推器，实现资源共享，共赢发展。

一是提供决策咨询服务。在与麻城市、武穴市、大冶市等地签订战略合作协议的基础上，发挥设立在麻城市、武穴市两地的院士专家工作站的作用，高质量完成《麻城市生态建设与保护总规划》《麻城市林业产业发展总规划》，承接潜江市、仙桃市等10余个县市森林城市建设总体规划等社会服务项目，为该地区的林业生态发展方针和政策提供咨询意见。

二是开展林业科技服务。发挥林业人才优势和智力优势，依托科技创新及服务团队，面向全省林业行业开展社会服务工作。如深入有关地市开展有害生物防治等方面专项科技服务；参与自然保护区、湿地公园等方面的科学考察和规划编制工作；开展食用菌、苗木花卉、森林旅游等专项科技服务工作；开展地方林业资源的调查和树木志编撰等方面的工作；以林业科技推广项目为载体，面向林农开展林业新技术培训和推广工作。

三是干部双向挂职培养。把握"缺什么、补什么"原则，一方面选派干部到林业基层有针对性挂职锻炼，提升解决实际问题的能力、经济工作经验，深入了解林业基层的实际情况和需求。另一方面，吸纳合作地区的年轻干部来校挂职，让他们有机会接触林业行业前沿的科技和信息，实现拓展思路、开阔视野、提升能力的目标。通过干部双向挂职锻炼，进一步密切校地合作关系。

四是参与对口精准扶贫。开展对咸宁市横沟桥镇的扶贫工作，从2016年开始，分三年共计支持90万元资金，帮助该镇群力村十四组开展新农村建设，并为打造乡村旅游精品村提供规划设计、技术咨询等方面的服务。对鹤峰县中营镇白鹿村农民进行结对帮扶，在了解他们的家庭情况、收入来源、致贫原因和脱贫想法后，制定精准扶贫方案，帮助他们实现实质性、持续性脱贫。全面贯彻落实中央关于精准扶贫战略部署，按照省委省政府"精准扶贫、不落一人"的要求，采取多种方式，主动面向贫困地区巴东县民族职业中学开展精准扶贫工作。

国际合作：搭建境外交流的畅通桥

随着现代职业教育体系初步构建，国际交流与合作已经成为衡量职业院校办学水平的重要指标。2014年6月召开的全国职业教育工作会议明确要求"加强国际交流合作"，并将之列为今后要抓的五项重点工作之一"深化教育教学改革"的重要组成部分。湖北生态工程职业技术学院顺势而为，积极响应教育部推进共建"一带一路"教育行动的号召，推动林业职业教育大开放、大交流、大融合，立足学校特点开展交流合作，与德国、加拿大、新加坡、澳大利亚、新西兰等地院校建立了一对一合作关系，并有计划地学习和引进国际先进、成熟适用的人才培养标准、专业课程、教材体系和数字化教育资源，探索以团队方式派遣访问学者，系统学习国外先进办学模式。

第八章

抓社会服务特色

　　社会服务是职业院校的功能之一，是衡量现代职业学院存在价值，决定院校社会生命力的重要因素。职业院校社会服务主要包括人才培养、社会培训、技术服务、文化服务、公益服务、社会捐赠等内容。职业院校作为人才培养和知识创新的基地，应始终将知识进步与科技发展同当地经济社会发展相结合，把为国家和地方经济建设服务既当作一种社会责任，又视为自身发展的需要，全方位开展社会服务，以服务求支持，以贡献求发展，成为经济社会发展的不竭动力。党委在学校治理中主动与地方经济社会发展相适应，聚合办学资源，强化校地互动、校企合作，既开创了产学研用的成功模式，也实现了学校服务社会的有效目标。同时，高水平专业建设又为高水平服务创造了条件，高质量的毕业生在岗位上有着卓越发展和积极贡献。考察一所高水平学校，必须看其对区域社会发展和行业所做的贡献，或满足行业和区域经济社会发展急需人才的能力和水平，甚至是否能做到为行业和区域经济社会发展所不可或缺。湖北生态工程职业技术学院的社会服务工作重点体现了社会培训和文化服务两方面特色。利用依托林草行业丰富的资源，面向中学生开展生态文明教育活动，面向林草行业开展各类职业技术（技能）培训，推进林业职业院校加快形成学历教育和社会培训双轮驱动的办学机制，实现了从单一的职业教育层次向立体化的持续教育体系转变。

生态文明进校园：高举生态文明教育大旗

学校高举生态文明建设、美丽中国和绿色发展的大旗，大力推进以下几项工作，凝练具有生态特色的学校文化，形成学校的文化特色。

一是加强学生生态文明教育。学校在组织编写教材、培养师资率先实行生态文明教育进课堂的基础上，开展教学研究，总结经验，在全国林职院校和全省职业院校生态文明教育方面起示范和引领作用。进一步加大了生态文明教育实训基地的建设，高质量完成百花园、树木园、种质资源库等园区建设任务，让学生都有机会到基地参加为期不少于一周的生态文明实践环节的教育，真正让生态文明观念入脑、入心、入行。

二是广泛开展生态文明活动。以"三贴近"原则开展各种各样的校内外活动，做到活动常办常新，激发学生积极参加植绿、爱绿、护绿、兴绿活动，普及生态文明知识，增强生态意识，巩固生态文明教育的成果。经常开展花卉植物知识展，举办"花卉知识普及周"、"植物识别大赛"、"园林植物栽培知识竞赛"活动，每年举行植树节主题活动、环保我"袋"走、环保节植物义卖、世界环境日主题宣传等活动，丰富了学生的绿化常识、环保意识和生态意识。

三是建设生态化园林式校园。发挥校园地理优势，秉承"自然与生态"规划理念，显现出"山中有校、校中有山"、"环山绿道、绿道环山"的校园生态布局。发挥特色专业优势，结合植物栽培、园林设计与施工、绘画等专业课程的实习实训，在校园绿化中展示"水循环"植物立体栽培、"喷混植生"护坡、"林下经济栽培"的新技术。以森林生态文化为核心，建立以学校校史与生物多样性馆。推进教学区与教师住宿区同步管理，对校园内所有的旧有建筑逐步实施"穿衣戴帽"工程，改变职工住宿区和旧有建筑区破旧的形象。

四是大力传播生态文明理念。为贯彻落实绿色发展理念，促进生态文明建设，推进美丽中国、美丽湖北建设。学校在前期生态文明教育取得突出成绩的情况下，提议在全省范围内开展"传播绿色文化·共建生态校园"活动。为扩大活动的深度、广度和维度，学校与湖北省绿化委员会、湖北省林业厅、湖北省教育厅、共青团湖北省委四部门进行了联系，请求四部门在全省范围内开展"传播绿色文化·共建生态校园"活动。学校发挥"生态文明教育基地"的作用，作为承办方开展活动。四部门高度评价活动，认为是践行绿色发展理念的一次具体实践，共同印发了《关于开展首届传播绿色文化·共建生态校园的通知》，在全省中学、中职学校范围内继续举行"传播绿色文化·共建生态校园"主题宣传活动[48]。2015年以后，这项活动由学校固定承办。

（1）传播绿色文化。一是宣讲生态知识。在全校范围选择专业师生和志愿学生，组建生态文明宣讲团，以图文展、技能展、标本展、成果展等多种方式让"生态文明进校园"。仅2018年，到全省40余所中职、高中进行宣传，让5万余人次的师生直观了解了生态文明。二是开展征文比赛。以"传播绿色文化 共建生态校园"为主题，在全省中学、中职学生中分组开展征文比赛。优秀作品在《楚天都市报 帅作文》进行了专版发表，并以《绿梦》为书名结集刊印，公开发行，对获奖学校、指导教师和作者发文表彰。三是助建绿色社团。倡议全省中学、中职学校成立"生态文明学生社团"，为学

---

[48] 在2015年活动启动仪式上，学校党委书记宋丛文教授表态：作为全省唯一以生态命名的高等学校，湖北生态工程职业技术学院在"传播绿色文化：共建生态校园"活动中，有义务，有责任，有意愿，也有能力发挥更大的作用。学校从资金、资料、苗木、技术等多个方面，为兄弟学校的绿色文化宣传、绿色社团活动、绿色征文比赛、生态校园创建等方面的工作提供大力的支持，确保活动的顺利开展。

校生态文明教育搭建学习、交流、讨论、体验的平台。学校每年提供"绿色基金"2000元作为活动经费，助建了全省11个片区的79所学校的绿色社团，并进行"绿色社团"的授牌。

（2）助建生态校园。一是校园植物挂牌。学校利用专业优势，派出专业教师，对参与活动学校的校园进行植物识别，并制作植物挂牌，进行悬挂。二是校园绿化规划。学校凭借在生态园林式校园建设方式的技术和人才优势，根据有关学校的要求，帮助14所学校进行了校园绿化规划。三是绿化苗木支持。对部分高中、中职生态园林式校园建设中所需的绿化苗木，学校以在大冶和崇阳所拥有的实习实训基地所产绿化苗木进行对口支持，支持了18所学校。

（3）开展专题活动。一是生态文明夏令营。组织生态文明夏令营活动，让参与活动的师生走近湿地、接触森林、亲密动物，使师生感受生态魅力。于2017年8月，分黄冈、随州两条线，组织全省200余名学生进行了"生态文明夏令营"，取得了良好的效果，各大媒体进行了报道。二是生态文明企业行。让师生走进生态企业，了解生态企业，感受生态文明与社会生活的接轨。让学生知道生态文明对社会的贡献，以"我选湖北·服务生态"活动为契机，组织学生到省内各大林业龙头企业进行参观，直观了解林业产业发展，感受生态文明内涵。三是生态文明大练兵。进行"生态杯"技能大赛冠名，设立生态杯奖项，从全省组织选手报名参赛，对比赛获奖的选手实行学费减免政策。

（4）发挥教育作用。以生态文明教育基地为依托，开通了"生态文明教育进校园"专题网站，开展生态文明宣传员培训班，以专题报告、讲座等方式，开展生态宣传教育。加强对"生态文明"教育基地的建设，不断充实和扩大教育基地的内容，使教育基地切实发挥积极作用。在参与活动的学校中，评选一批对活动做出突出贡献的"生态文明宣传员"，发挥他们的示范带动作用，鼓励更多人投入到"传播绿色文化 共建生态校园"活动中来。

林业职工再教育：拓展非学历教育新格局

林业职业教育要想获得长足发展，必须充分认识职业教育与经济社会发展的复杂关系[49]，林业现代化建设离不开人才的支撑，林业职业教育单纯作为学历教育的格局已发生变化。尤其是，李克强总理在2019年政府工作报告中提出，中央政府将从失业保险中拿出1000亿，2019年培训1500万，其后，国家又出台《职业技能提升行动方案（2018-2019）》，提出了"315"培训计划，就是用三年时间，政府投入1000亿，开展5000万人次的技能培训。

湖北生态工程职业技术学院建立了一栋专门面向林业行业培训的大楼，面向行业举办各种层次和各种类型的职业培训班，强化同林业基层单位的联系，同时，还结合全省林业发展的实际情况，为广大林农举办各种类型的林业实用技术培训班。在培训的理念、内容、方式方法、管理考核体系等方面大胆创新，努力发挥学校在服务湖北林业现代化建设中的人才支撑作用。

以理念为引导，提高主动性

深入学习贯彻习近平总书记生态文明思想，牢固树立"四个意识"，自觉践行新发展理念，适应新时代林业现代化建设发展需要，突出林业行业干部职工和行业企业在行业培训中的主体地位。

一是围绕中心，服务大局。服务现代林业建设大局，紧紧围绕重点任务和中心工作，统筹谋划行业培训，提高林业队伍整体素质。二是突出重点，全面带动。以林业党政领导干部培训等重点工程为抓手，以提高质量为重点，以改革创新为动力，全面推动行业培训

---

(49) 付小倩 袁顶国：《现代职业教育体系的多中心建设》现代教育管理，2014年7期。

事业协调发展。三是突出特色，注重质量。坚持突出林业特色的办学方针，以特色求生存、求发展，深入推进行业培训改革创新，努力获得事业发展与人才培养的双丰收。

以需要为导向，增强针对性

紧贴行业标准开展培训。以行业为根基，研究行业面向岗位群的技术技能要求，以及新设备、新技术、新工艺的特点，了解、把握行业的发展需求，紧跟行业主产业发展，提升职业培训的针对性、实效性，不断提高培训的专业化水平。紧贴行业需求开展培训，首要的是进行需求分析，了解行业的核心诉求，为行业设计需要的培训方案。一是制定分类培训大纲。明确林业干部职工初任培训、任职培训、专门业务培训、岗位培训等的目标、内容和方式等，不断提高干部教育培训科学化水平。二是完善培训内容体系。着眼于提高干部素质和能力，建立以培训需求为导向的培训内容更新机制，不断完善理论教育、知识教育、党性教育体系。三是创新培训方式方法。改进培训班次设置方式，推广专题研究、短期培训、小班教学，突出按干部类别开展培训。改进讲授式教学，推广研究式、案例式、体验式、模拟式教学。

以机制为保障，提升操作性

第一，建设一支专兼结合的行业培训教学团队。根据学校专业的实际情况，制定培训师资评聘标准，选拔具有一定行业实践经历、业务好、工作能力强、善于沟通协调的一线教师开展培训，同时聘请行业技术人员建立兼职培训师资队伍。提升教师对行业培训的认识，鼓励教师到行业调研、交流、挂职锻炼，参与科研项目研发，了解行业的生产情况及员工培训的需求。积极为培训教师提供相关的配套政策，鼓励他们脱产、半脱产参与顶岗实践或到行业接受短期培训，不断提高培训实战能力。

第二，构建职业院校社会培训课程体系，增加应用型课程开发。开发教学资源包括校本培训教材、培训讲义，特别是根据行业生产实际，开发数字化教学资源，实现面授与网络在线学习相结合的多元培训方式。在教学方法上，引入教练式教学法、实践教学法、案例教学法等，提高行业干部职工的培训效果。

第三，建立与行业的培训合作机制。推行网格化管理等先进管理模式，形成以学校为网格中心，以专业为支撑，以行业培训师资项目组为延伸的三层网格化管理模式。结合学校实际，制定和完善培训管理制度与激励机制，调动教师的积极性。

以专项为突破，保证实效性

一是领导干部专项培训。适应新时代林业现代化建设的要求，对县（市、区）林业局主要领导干部进行业务培训，着力提高他们的思想政治素质和驾驭全局、科学决策、依法行政、开拓创新、危机管理等方面的能力。二是关键岗位人员专项培训。按照岗位需要，以提高思想政治水平、职业道德水平、管理工作能力和业务技能为目标，对乡镇林业工作站站长、种苗管理站站长、森林病虫害防治（检疫）站站长等机构主要负责人、自然保护区管理机构主要负责人、国家湿地公园管理机构主要负责人、国有林场场长等关键岗位人员开展系统的培训。编制指导性培训大纲和教材，建立能力测试题库，并逐步开展关键岗位人员能力测试工作，全面提升关键岗位人员的素质和能力。三是重大改革及重点工程专项培训。服务林业重大改革和重点工程，围绕改革政策、林权管理、林权流转、林业融资、森林保险、林业合作组织、森林经营、林下经济及林业重点生态工程、主导产业建设等内容，开展大规模的专题培训，确保改革及重点工程顺利推进。四是专业技术人才知识更新培训。在良种培育、有害生物防治、野生动植物保护与自然保护区建设、湿地保护管理、林地流转等方面开展大规模的知识更新继续教育，建设素质优良、创新能力强、具有较强竞争力的专业技术人才队伍。五是基层实用人才专项培训。适应乡村振兴战略的迫切需要，以提高生态知识和经营能力为目标，以培养护林员、林木种苗专业户、农村造林专业户和种植户为重点，利用现代技术，通过开展急需紧缺实用林业科技技术推广等项目，大力开展林农实用技术培训，着力打造一支高素质、技能型的基层林业实用人才队伍。六是林业专业知识培训。针对不具备林业领域专业背景人员的需求及岗位工作需要，编制林业专业知识培训大纲、教材，组建师资队伍，面向新进入林业系统工作的非林专业背景干部，开展大规模的林业专业知识培训，着力提高林业干部队伍的专业化水平。

院士专家工作站：提升服务林草行业站位

生态建设已进入当今世界发展的主流，生态文明建设已进入当代中国科学发展的主流。在宋丛文教授的林业科技实践中，针对生态看得见、摸得着、感受得到，却难以量化的实际问题，他始终把握生态建设这个主流，并作为各项工作的硬杠杠，使生态建设成为无价之宝。在科研方向和教学工作指导上，既注重研究重点生态工程建设，又注重城乡人居环境改善；既考虑到统筹城乡绿化协调发展，又要保持森林和林业产业的生态安全，努力支持全省加快植树造林，促进绿色繁荣，不断改善民生。他领衔组建了武穴林业院士工作站、麻城五脑山院士专家工作站，均达成了一揽子合作项目。

一是主动服务国土绿化。多次深入黄陂、新洲开展精准灭荒工作，加强技术服务和培训，指导困难立地造林绿化实施；其中麻城五脑山国家森林公园院士专家工作站被省科协评为全省优秀院士（专家）站。二是促进林业产业发展。主动为湖北林业产业服务，深度参与湖北木业的发展转型，与康欣木业公司合作获得湖北省重大科技成果转化与产业化项目立项，为蕲春山林公司开展了技术咨询、技术培训等工作。三是开展行业人才培养。针对林业行业人才结构不优的局面，主动承担起了全省林业干部培训的职能，每一期林业培训班，他均走上讲台为林业局长培训班授课。四是推动林业科技进步。率领团队成员遍布湖北各地，突破了林木遗传育种技术、外来树种驯化技术、森林人工培育技术及造林树种标准化生产技术，取得了国家级省级科技进步奖多项，有效推动了行业科技进步。

院省培训合作：构建立体化培训教育体系

湖北生态工程职业技术学院认真贯彻党中央关于干部教育培训精神，积极创造条件、创新培训机制、完善培训制度，开展与国家林草局管理干部学院合作。依托国家林干院、林业专家服务团等专业机构和团队，搭建培训平台，建立分级分类培训机制；以林业科技项目为支撑，以科技扶贫为抓手，形成干部教育培训的全覆盖。

坚持三个结合

与林业重点工程结合。双方围绕林业工作大局谋划干部教育培训工作，突出林业干部职工和企业在行业培训中的主体地位，真正做到林业重点工程需要什么就培训什么，干部成长缺什么就补什么，更好地为林业发展服务、为干部成长服务。近几年的干部培训工作，双方紧紧围绕长江大保护、绿满荆楚行动、精准灭荒、国有林场改革等林业重点工作，以林业党政领导干部培训和林业专技人才培养等重点工程为抓手，以提高质量为重点，以改革创新为动力，多渠道、多层次、多形式地开展教育培训。

与林业实际需求结合。双方在合作中为行业设计需要的培训方案。制定分类培训大纲，明确林业干部职工任职培训、专门业务培训、岗位培训等的目标、内容和方式等，不断提高干部教育培训科学化水平。着眼于提高干部素质和能力，建立以培训需求为导向的培训内容更新机制，不断完善理论教育、知识教育、党性教育体系。对党政领导干部，实施林业干部专题培训项目，侧重提高他们把握大局、科学决策、开拓创新和组织协调等能力；对专业技术人员，实施林业专业技术人员知识更新项目，侧重提高他们的综合素质和创新能力。以短期培训、专题研究、小班教学为主，突出按干部职工的类别开展培训。改进讲授式教学，探索运用研究式、案例式、体验式、模拟式教学。

与林业精准扶贫结合。精准扶贫、精准脱贫，是党中央的重大决策部署，事关群众利益，事关全面建成小康社会目标实现，是各级党委政府重大的政治责任、头等民生大事，也是干部教育培训的重要内容。双方合作开展了一系列从事林业扶贫具体工作的管理人员及业务骨干培训班，培训围绕政策解读、经验交流、案例教学等模块，就政策扶贫、生态扶贫、产业扶贫和技术扶贫，邀请有关专家为学员详细解读林业生态扶贫相关政策，帮助学员准确、深入理解国家扶贫政策精神，提升政策执行力，邀请扶贫一线的工作人员向参训学员介绍基层扶贫工作开展情况及经验做法，使基层林业干部和一线扶贫干部提高业务能力，抓实各项林业工作任务，能够运用林业优势助推精准脱贫攻坚工作。

搭建三个平台

搭建学习的平台。双方合作建设了林业技术教学资源库，形成了"一课一库两馆"在线学习平台，完成了林木种苗生产技术等课程建设，制定了微课，收集了企业案例和相关教学图片；建设了拓展资源库，聚集了行业标准、职业认证、信息资源和林业工程项目相关信息资源；建设了生态文化馆，完成了生态文明建设、生态文明传承和文明素质教育方面资源的收集开发；建成了数字标本馆，完成了植物、动物、昆虫、土壤、木材、种子等数字标本收集及开发，培训的资源得到充实。广大林业干部职工根据实际需求，通过"平台"自主安排学习时间和课程，有效地掌握林业理论知识和基本生产技能，进一步促进队伍整体素质的提高和服务林农能力的提升。

搭建培训的平台。双方合作增加了应用型课程开发，构建一整套培训课程体系，包括校本培训教材、培训讲义，特别是根据新时代林业生产实际，采取多元培训方式，开发数字化教学资源，实现面授与网络在线学习相结合。在教学模式上，引入新颖而又符合地方实际的教学模式，提高培训的效果。编写出版以林业基础知识为主要内容的培训教材，将成为参训学员日后生产和工作中的必备参考书。

搭建师资的平台。双方合作建设了一支高质量的林业培训教学团队。在师资队伍建设上，坚持"请进来"和"送出去"相结合。结合学校师资的实际情况，选派具有业务能力强、实践经历丰富、善于沟通的教师参加国家局林干院师资培训。建设省级林业培训专家库，按类别遴选具备条件的专家参与培训工作，积极为培训讲师提供有力的支持政策。

实现三个提升

业务素质提升。与林干院在林业干部培训上的合作,既有专业理论知识的灌输,又有现代林业发展前沿的讲解;既有实际案例,又有实践方法;既有理论知识的讲授,又有典型案例的分析;既有学员之间的讨论交流,又有林业发达省区的现场教学。培训班内容丰富,信息量大,具有很强的针对性、指导性和操作性,对于参训学员专业知识的储备、先进工作理念的接受、专业技能的提高都有明显的效果。培训学员普遍反映参加培训受益匪浅,收获丰硕。既学到了知识,又增长了见识,有力地促进了干部队伍的素质提升。

合作空间提升。国家林业局管理干部学院是国家林业局干部教育培训的基地,既有先进的教学管理理念和丰富的培训工作经验,又有雄厚的教学资源和人才优势,在干部教育培训中有着一整套独特的培训方式。通过搭建平台,广泛交流,干部教育培训合作空间进一步拓宽。

智力支撑提升。院省合作使湖北林业培训工作的思路进一步明晰,思想得到解放,观念得到更新,进一步推动了湖北省林业培训事业的发展,为湖北现代林业建设提供了人才支撑和智力支持。

职业教育扶贫:多种行之有效的扶贫模式

在有关贫困的理论中,最具代表性的是贫困循环累计理论、能力贫困理论及动态贫困理论。在这方面职业教育大有作为,能够扮演不可或缺的角色,首先,职业教育能够促进贫困群众技术资本的积累;其次,通过职业教育能够提升贫困群众自我发展能力。贫困群体之所以难以跳出"贫困陷阱",贫困之所以会出现代际传递现象，关键就在于贫困群体缺乏自我发展能力，正如阿玛蒂亚·森所说，教育的缺失是能力剥夺的贫困，是比收入贫困更深层次的贫困，它会引发贫困的代际传递。近年来，学校勇挑扶贫攻坚重任，在职业院校中较早设置了教育扶贫办公室，明确立足长远发展，解决当前问题，以扶智、扶志为重点思路，积极开展多角度教育扶贫工作。尤其在咸宁市横沟桥镇、鹤峰县中营镇白鹿村、五峰县中职学校、巴东县民族职中、建始职中开展教育扶贫，获得了认可，取得了很好的扶贫效果，被评为"湖北省直单位定点扶贫工作考评优秀单位"。

贫困村户精准扶贫。落实与咸宁市横沟桥镇签订的《对口教育与科技精准扶贫协议书》，结合贫困地区的资源优势，实施"一村一品"战略，积极开展生态扶贫和产业扶贫，扎实做好定点包组、处级干部联系贫困户一对一精准扶贫工作，帮助林农脱贫致富。

职业教育结对帮扶。发挥技术优势与资源优势，以校园绿化规划建设、教学设施建设为主要方式，对口帮扶县级中学或中等职业学校，打造专业生源基地。指导对口帮扶学校制定人才培养方案、专业建设、课程建设、实习实训室建设、教师队伍建设，开展教师培训、示范教学、文化交流等活动，实施职业教育深度合作，实现中高职无缝对接。落实共建生态校园活动的通知精神，助建绿色社团，积极传播生态文明理念，普及生态文明知识。

校地合作科技扶贫。积极开展送技术下乡、林农技术培训、技术推广、技术示范、技术攻关等专项科技扶贫；年实施项目5项以上，现场技术培训林农1000人次。扎实推进与麻城市、武穴市共建的院士工作站工作，为地方经济与生态文明建设提供技术支撑与科技服务。

行业干部职工培训帮扶。推进林业行业干部、技术人员等技术、能力、管理、服务水平提升培训工作，年培训林业基层干部、技术人员3000人次。

贫困学生助学就业帮扶。落实在校贫困学生助学政策，落实好校长奖助学金、学校有关贫困学生学费减免办法及各类企业奖助学金；设立专项"绿荫助学基金"，帮助困难学生解决生活困难完成学业。落实好"三支一扶""西部计划""助学贷款"等帮扶政策。在国家扶贫日开展有意义的扶贫帮困系列活动。制定并落实林业行业特色专业急需人才学费减免的政策。设立勤工助学岗位资助学生自力更生，将学校校园绿化维护、食堂服务、宿舍楼管及图书馆等部分工作岗位提供给在校贫困学生开展勤工助学。加强对各类就业困难毕业生的就业援助，实行"一生一策"动态管理，进行个性化指导和岗位推荐，实施就业精准帮扶；完善实名制精准服务制度，搭建校内外资源信息精准对接的服务平台，建立精准推送就业服务机制，强化毕业生在校期间就业服务。

由此看来，林业职业院校开展职业教育扶贫，有其独特性，可以在扶智和扶技上精准发力，从湖北生态工程职业技术学院五项扶贫措施上看，可谓是实现精准脱贫提升人生价值、摆脱代际贫困的有效方式。

第九章

抓体制机制特色

创新体制机制，加快建设现代职业院校制度，构建政府、学校、社会之间新型关系，充分发挥院校人才培养、科学研究、社会服务、文化传承创新的功能，推进职业教育现代化。湖北生态工程职业技术学院创新体制机制，建设章程"龙头"，以"章程"作学校"宪章"，上承国家法律法规，下启学校规章制度，规范了学校与政府、社会的关系及其内部秩序准则，形成了内部治理结构的体制机制特色。

核准发布章程：落实领导体制

学校从 2014 年年底启动章程建设。章程草案形成后，广泛征求意见和建议，后提交职工代表大会讨论通过，并报主管部门同意后，于 2016 年 12 月 30 日由湖北省教育厅核准公布。章程建设经过了学习、起草、讨论、审议四个阶段。章程核准后，学校以章程来统摄其它规章制度的调整、修订和补充工作，通过继、废、改、立等方式，完善了教师管理、教学管理、学生管理、科研管理、安全管理、财务与资产管理、后勤管理等一系列规章制度，建立了一套与办学层次和服务面向相适应的制度体系，使学校运行有法可依，有章可循。实现自身发展目标，践行教育理念，核心内容主要包含三个方面：

治理架构

形成了党委全面领导、校长负责行政工作、教育与科技委员会协助学术工作、职代会监督全校管理工作、湖北省林业职教集团理事会指导校企合作育人工作。

决策机制

完善了《党委会议事规则》《校长办公会议事规则》《教育与科技委员会章程》，明确了党委、行政和学术的议事范围、议事规则。

社会关系

明确了学校与政府、社会三者的权力界限，确定了社会组织参与学校建设与治理的可能范围与方式等。

校院两级管理：优化治理结构

加大二级学院自主权，将管理重心下移，强化一线调控能力，实行校院两级管理。理顺校院两级人事管理的责权，把基本人事权力下放到二级学院，相应的经费下拨到二级学院。对校内岗位津贴实施分层管理，建立二级学院自我发展、自我约束的激励机制，将原先以职能部门为主体的管理模式转变为以学院为主体的管理模式，实现了各院作为办学主体和责任主体的地位，促进二级学院由教学型向办学型的转变，调动教学单位的主动性、积极性和创造性。

学校层面以宏观调控为主，重在建立指导、服务、考核和监督机制，如谋划宏观发展战略决策、制定规范方针政策、合理配置教育资源，对二级学院工作指导与协调。

二级学院具体负责本学院日常管理工作，在专业结构的建设与优化、教学与科研管理、学生工作以及人事、资产与财务的管理等方面给予二级学院一定的独立自主权，确立其办学主体、质量主体和责任主体地位。

健全参与制度：理顺运行机制

内部有效治理的实质就是政治权力、行政权力、学术权力、参与权力这四种主要权力的科学使用并达到一种平衡状态。

党委运行机制

对学校建设、改革与发展的重大事项，由党委会决策，确保党委的领导权。坚持每周召开一次党委会，除传达上级精神、研究事项外，还听取各个层面的工作汇报，通过党委会确保共识。党委六大职能：党要管党、党主育人、党抓教学、党育文化、党蓄队伍、党谋幸福。

行政运行机制

校长办公会是学校行政议事决策机构，主要研究提出拟由党委会讨论决定的重要事项方案，具体部署落实党委决议的有关措施，研究处理教学、科研、行政管理工作。校长六项职责：法律上担责、教育上尽责、保障上知责、科研上明责、服务上强责、合作上负责。

教育与科技委员会运行机制

制定章程，统筹行使学术事务审议、评定和咨询等职权，发挥其在学校中长期教育发展规划、专业建设、学术评价、教师梯队、教学改革、专业技术职称初聘、学风建设等方面职责。教科委的三项职责：教科审议、教科评审、教科咨询。

校企合作委员会运行机制

以湖北省林业职教集团为依托，探索校企合作创新人才培养、校企合作共建实习实训基地、校企合作兼职教师的聘用与管理、校企合作教育培训管理、校企合作科研开发。校企委的职责：搭建平台、资源共享、互惠互利。

一年聚焦一主题：抓重点强特色

问渠那得清如许，为有源头活水来。通过内部改革，注入强劲发展动力，释放源头活水。学校党委每年确定一个工作主题，2016年为"管理与质量年"，2017年为"改革与服务年"，2018年为"创新与质量年"，2019年为"特色与高质年"。

管理与质量年

全员制定履职尽责清单，以事业发展、单位职能、干部岗位职责为依据，以承担的年度任务为基础，以年度工作项目为载体，加强职工实干实事实绩的考核评价并强化结果运用。修改和完善管理制度，特别是把各项制度和工作程序以流程图形式汇编成册，上网上墙，明确了工作责任，简化了办事程序，从制度上防止了推诿、拖拉和扯皮的现象，倡导了雷厉风行和干净干练的工作作风。

改革与服务年

开展"三项改革"，促进"一个提升"。"三项改革"分别是思想政治教育工作体系改革、以绩效工资分配为主体的人事分配制度改革和教育教学体系改革；"一个提升"就是强化"以生为本"

的意识,着力提升管理、后勤和教辅部门服务教学工作的能力和水平。

创新与质量年

着力在党的建设、思政教育、教育教学、师资队伍、社会服务、招生就业、校园文化、信息化校园、后勤服务、安全稳定等十个方面创新工作,抓好质量。创新党建方式,抓党建工作质量;创新"五个思政",抓思政教育质量;创新人才培养方式,抓教育教学质量;创新教师管理,抓师资队伍建设质量;创新项目管理,提升社会服务质量;创新招生就业方式,抓招生就业工作质量;创新活动载体,抓校园文化建设质量;创新信息化整体设计,抓信息服务质量;创新工作模式,抓后勤服务质量;创新平安校园建设,抓安全稳定工作质量。

特色与高质年

在机构改革的背景下,林业职业教育存在哪些问题?宋丛文提出了新时代林业职业院校的矛盾论,**职业教育竞争白热化与内部普遍自满情绪之间的矛盾、学校快速发展与教师素质不适应的矛盾;正在形成的行业特色与当前机构改革推进要求不适应的矛盾**。对标这三大矛盾,2019年学校工作主题定为"特色与高质年",主要抓专业建设等九个方面的工作:抓五美教育特色,提高专业建设质量;抓质量保证特色,提高人才培养质量;抓网格管理特色,提高学生管理质量;抓五个思政特色,提高全员育人质量;抓师德师风特色,提高师资建设质量;抓产教融合特色,提高校企合作质量;抓行业培训特色,提高社会服务质量;抓生态文明宣传特色,提高招生工作质量;抓创新创业特色,提高学生就业质量。

特色质量评价：督导与诊断"双轮驱动"

如何将传统教学督导制度与现代教育评价和构建质量保证体系有机结合，这是全面提高人才培养质量的现实要求，也是学校完善内部治理结构和深化综合改革的重要课题。从学理上看，督导主要是监督、检查、指导，具有较强的规范性、执法性；评价主要是在把握客观事实基础上进行价值判断，需有较高的专业性、技术性；而质量保证体系则是由标准系统、监测系统、反馈系统等构成的"自动化控制"机制。

专职教学督导团队

督导体系是教学质量保障体系的重要组成部分，是教学管理过程中经常性工作。如何科学构建适合职业院校职业教育的督导体系，是目前我国职业院校教学督导必须面临并着力解决的问题之一。

湖北生态工程职业技术学院组建了一支专职教学督导专家队伍，专职教学督导专家一般有较深厚的专业功底和严谨的治学态度，教学经验丰富，教学业绩突出，教学水平较高；有一定的教育教学理论水平，能对教育教学问题进行理论分析和指导。工作任务主要是：（1）巡视抽查：对教学单位的教学情况进行巡视抽查。（2）听课：深入课堂和实践场所对分管二级教学单位进行听课，每学期听课不低于180标准课时，听课后及时与任课教师交流和指导。（3）对教学单位的教学运行管理质量进行抽查、调研，并提出改进建议；对任课教师教学大纲、教学进度表、教案、课程标准、批改作业等不定期抽查。参与教学单位的教学研讨活动，收集并反馈有关教学方面的意见和建议。

内部质量保证体系

湖北生态工程职业技术学院作为首批接受诊改复核的9所院校之一，在开展这项工作之初，学校安排了相关领导及部门分赴各地进行学习交流，以形成自己的方案。方案提出来后，当场被党委书记宋丛文否决掉。宋丛文很清楚，每个学校的特点不同、学校发展阶段也不同，出去学习是学习别人的理念，而不是照搬别人的方法，唯有认真领会文件精神并与学校实际结合，才能将这项工作铺开。

事实也证明，诊改工作不能够由一个分管校长来全权负责，这牵扯到一个协调的问题，条块分割各负其责造成的另外一个弊端就是难于协调。不要把教学诊改工作寄希望于一两个人临时组建的教学诊改办公室，这个部门最多就是一个临时的中层机构。教学诊改包含6个项目、16个要素、99诊改点，基本涉及到学校的教学、师资、资源、校企合作、制度管理、需求反馈等各个方面，需要各部门的配合和合作。这种临时成立的诊改机构能否有效地协调、调动这么多的部门和人员，实践证明很难！诊改工作必须由各个具体工作的实际践行者和相对应的专家来合作完成。没有具体的工作实践，无法真正体会到自身工作存在的问题，只能是无病呻吟，当然提出的具体改进措施也没有针对性，无法落地。于是这种认真领会文件精神，创造性地与学校实际结合，高位推动教学诊断与改进工作，使学校在复核过程中得到极高评价。[50]

建设"五纵横"质量体系

建设完善的质量目标体系。在对学校现状进行SWOT分析的基础上，科学编制学校"十三五"事业发展规划、各个专项规划和二级教学单位的子规划，形成纵向衔接、横向呼应的规划目标体系。

---

[50] 学校"党建引领"教学诊断与改进特色得到湖北省教育厅高度肯定，并在全国诊改专委会上作了交流。

建设特色的质量标准体系。 以符合经济社会发展、符合人的成长需求为核心，以保证学生全面发展和教师阶梯成长为重点，各部门紧密围绕学校在整体发展、专业建设、课程建设、师资队伍建设、学生全面发展等方面确定的目标，按照决策指挥、资源建设、支持服务、质量生成、监督控制5个系统功能，制定具体的质量标准。

——学校发展标准：包括学校发展规模标准（具体体现为全日制、成人等各类在校学生数量，社会培训或鉴定人员数量，教职工数量，各类资产规模等指标）和发展水平等标准，校园建设标准等。同时，依据学校发展规划，对应内部质量保证体系框架，厘清部门职责和权限，编制部门工作标准。

——专业建设标准：包括专业设置标准、新专业申报和审批标准、专业教学标准、专业考核标准、专业建设标准编制标准和格式标准、专业人才培养方案编制与格式标准；各个专业依据专业建设标准编制与格式标准编制本专业的专业教学标准。

——课程质量标准：包括职业课程建设标准（试行）、课程标准的编制标准、教材建设标准、课程教学设计标准（试行）、理论教学工作标准（试行）、实习教学工作标准（试行）、课程代码编制标准、毕业（顶岗）实习质量标准（试行）、毕业设计（论文）质量标准（试行）、CAI课件制作标准（试行）、PPT制作标准（试行）等；各门课程依据课程标准，编制本课程的课程标准。

——教师发展标准：包括教师职业道德标准（试行）、教师专业标准（试行）、教师教学工作标准、教师职业生涯分段与标准、教师梯队建设标准、教师工作业绩考核标准、班主任工作标准、教师个人专业发展规划编制标准等；每位教师都根据自身对职业生涯设计，按照各类教师发展需求特点，结合学校师资队伍建设目标，建立教师个人的发展标准。

——学生全面发展标准：包括学生综合素质培养标准、学生综合素质评价标准、"文明寝室"评比标准、共青团工作先进集体与个人标准、家庭经济困难学生认定标准、奖助学金评定标准、绿荫助学基金评定标准、先进班集体和优秀学生评选标准等；每个学生根据高职学生的特点，综合考虑学校和社会对学生学习生涯、职业生涯、个性化发展的要求，结合自身的特点和优势，建立学生个人全面发展标准。

建设高效的质量生成体系

——学校层面：把"十三五"规划确定的战略目标分解到每一年。每年年初根据"十三五"规划的部署和上级有关部门对学校本年度工作的要求，结合学校本年度工作思路，在对上一年度工作进行全年总结的基础上，制定年度工作计划；每周定时召开党委会，对上周工作情况和年度工作计划落实进度进行总结，确定本周工作重点；每月月末对本月工作情况和年度工作计划执行进度进行较为系统的总结，并拟定下月的重点工作，经党委会研究通过后，上报上级部门并通知学校各部门、单位遵照执行；每学期末对本学期工作情况和年度工作计划执行进度进行全面总结，并制定下学期的工作计划，经党委会研究通过后，报上级部门并通知学校各部门、单位遵照执行。

——教学层面：包括专业、课程、教师层面，每年年初根据"十三五"规划的部署、上级有关部门关于教学工作和教学改革的要求，结合学校本年度教学工作思路，制定年度教学工作要点，上报教育厅并通知学校各教学部门遵照执行；每月月末召开教学工作例会，对本月教学工作情况和年度教学工作要点执行进度进行总结，并研究下月的教学重点工作；每天进行教学巡查和督导，对专业教学标准、课程标准的执行情况进行检查，及时发现问题及时进行整改。特别是辅以视频督导的方式，以学生到堂率、上课抬头率等客观数据为依据，准确掌握教师课堂教学的情况，初步实现了从主观评教到客观评教的转变。

学生层面质量保证体系

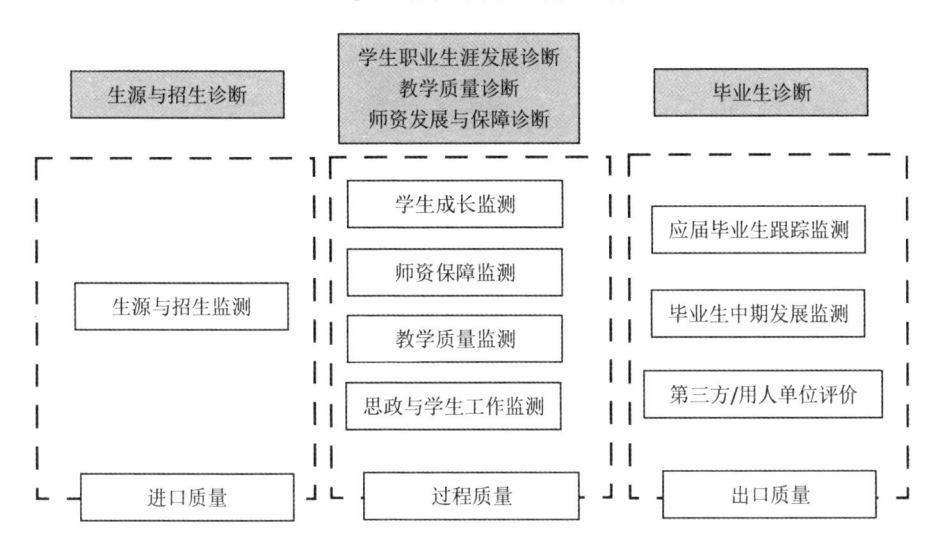

```
┌─────────────────┐   ┌───────────────────────┐   ┌─────────────────┐
│ 生源与招生诊断  │   │ 学生职业生涯发展诊断  │   │   毕业生诊断    │
└─────────────────┘   │    教学质量诊断       │   └─────────────────┘
                      │ 师资发展与保障诊断    │
                      └───────────────────────┘

┌─────────────────┐   ┌───────────────────────┐   ┌─────────────────┐
│                 │   │    学生成长监测       │   │ 应届毕业生跟踪监测│
│                 │   │                       │   │                 │
│ 生源与招生监测  │   │    师资保障监测       │   │ 毕业生中期发展监测│
│                 │   │                       │   │                 │
│                 │   │    教学质量监测       │   │ 第三方/用人单位评价│
│                 │   │                       │   │                 │
│                 │   │  思政与学生工作监测   │   │                 │
└─────────────────┘   └───────────────────────┘   └─────────────────┘

   进口质量                 过程质量                  出口质量
```

——学生层面：每年年初根据"十三五"规划的部署、上级有关部门关于学生工作的要求，结合学校本年度学生工作思路，制订年度学生工作计划；每月月末定期召开学生工作例会，对本月学生工作情况和年度学生工作计划执行进度进行总结，并研究确定下月的学生工作的内容；每天特别是晚上，辅导员或班主任对教室和学生寝室进行巡查，面对面与学生进行交心谈心，及时了解和掌握学生的思想动态，有针对性地开展学生思想政治工作，关注和引导学生的健康和全面发展。

第十章

抓条件保障特色

全体师生员工是学校的主人。学校的发展成果只有惠及广大的师生员工，学校发展才有源源不断的动力。在发展的前提下，在国家政策允许的范围内，逐步增加教职工的收入，改善民生，提高福祉，为师生提供更好的学习、工作和生活条件。

硬件打基础

林业职业教育工作的重点已经从规模扩张转移到深化改革、提高质量的内涵式发展上来。学校在保持适度规模的基础上，走以提高质量效益为目标的内涵式发展道路，并按照内涵发展的需要，开展硬件建设。

按照稳定万人规模的要求规划了校园基本建设。在学校附近青龙山林场新征土地300亩，通过新校区建设解决实习实训设施不足问题。完成白沙洲校区的处置工作，使合并后两校各类资源得到重新整合和优化配置。完成3万平方米科技大楼的建设并投入使用，建立了省级心理健康教育达标中心。

按照凸显生态特色的要求建设了实习实训基地。围绕学校生态特色的林业技术、园林园艺、家具与室内设计、生态旅游的特色专业群实习实训教学的需要，重点建设了林业调查规划设计实训室、工程测量实训室、园林设计实训场、园林施工实训场、园林栽培与管护实训场、室内设计技术实训场、雕刻艺术与家具设计实训场、木材加工技术实训场、生态旅游实训中心等实训场所。完成了花艺项目世赛国家基地，园艺、木工、家具制作三个项目世赛省级基地，以及竹雕非物质文化传承基地、数控实习场、汽修实习场等多个较大规模的实习实训基地的建设，每个专业都具备了必要的实习实训场所和设备。

按照提升运行效率的要求推进数字校园建设。顺应"互联网+"的发展趋势，按照教育部颁布的《职业院校数字校园建设规范》的要求，推进了专业群教学资源库和学校综合管理系统、虚拟仿真实训系统、数字安防技术系统等"一库三系统"建设。

第一，建设了专业群教学资源库。以特色专业、精品课程为基础，依托国家和省级教学资源，根据湖北经济社会发展和林业行业的需要，错位规划，补充建设，突出校本特色，建设2～3个重点专业群教学资源库，建立了高效率低成本的资源可持续开发、应用、共享、服务模式和运作机制。

第二，建设了学校综合管理系统。以学校官网为基础，建设了校园门户信息平台，实现为系统通信和系统基础设施提供服务，保障各级业务系统互联互通，通过统一管理和调控，实现教育信息的发布、共享与互动的多项功能；建立公共数据中心，统一规划、统一接口标准、统一数据模型，打通不同应用系统间的"信息孤岛"，实现系统之间的数据交换，满足校园内部不同应用系统的数据交换需求，为数字校园提供数据互联互通、实时交换的基础环境，实现教学管理、学生管理、教科研管理、人力资源管理、财务管理服务、设备资源管理等网上数据共享和协同工作，提高了管理效率和管理水平。

第三，建设了虚拟仿真实训系统。整合优质的校本资源、教育公共资源，并将多媒体技术应用于生产性实习和职业技能训练过程之中，通过虚拟仿真实训达到熟悉操作、技能养成的目的。利用已有工程设计与制造的计算机辅助设计（CAD）软件等仿真实训软件的同时，结合教学资源库建设，联合开发基于互联网、体现学校专业特色的仿真实训资源。

第四，建设了数字安防技术系统。完善视频监控综合系统，提升校园的防控能力，实现主动防范、录像回查、快速布控、视频智能分析和快速预警、预案管理、安全管理、集中监控等功能。完善了校园门禁系统，以"一卡通"为基础，实现非法用户报警、24小时监控视频联动、自动存储进出影像与刷卡记录，并通过网络将信息上传至数据中心，改善公寓的安保条件，提高公寓的精细化管理水平。

第五，安居乐业工程。改善教职工居住条件，建设了300套总建筑面积17700平方米教师公租房，基本满足青年教师、特别是辅导员对"公租房"的需要，并对教师宿舍外墙进行维修改造，使其外观与整体校园风格保持一致。办学条件和校园面貌发生了很大变化，入选第一批湖北省"生态园林式学校"，得到了上级有关部门和兄弟院校好评。

管理提质量

"治大国如烹小鲜"，一所学校也如此，彰显的就是以精准化、精细化思维来进行治理的重要性。

职能管理精细化。精细化管理是一种管理模式，更是一种理念和文化。学校内部每一个系统都处于最佳运行状态，减少不必要的内耗，宋丛文提出把各项制度和工作程序以流程图形式汇编成册，上网上墙，明确工作责任，简化办事程序，从制度上防止推诿、拖拉和扯皮的现象。

服务管理精准化。宋丛文将"走动式"管理应用到学校教育教学管理中，要求相关部门撤掉一部分办公电脑，要求辅导员、保卫人员、后勤管理人员"走动式"[51]深入学生课堂、学生活动、学生宿舍，切实起到学生日常管理和思想引导的重要作用，让管理"动"起来，及时追踪处理发现问题。将"走动式管理"应用到学校管理中，主要是讲求一种和谐的非正式的沟通氛围，加强教学管理者、教职工和学生三方沟通的管理方式。无形中缩短了管理者与教师的距离；在走动中改进了工作作风；实现了上下联动，内外结合的管理机制，使管理无处不在，无时不在，做到了时时有人管，事事有人管，处处有人管。

后勤管理社会化。后勤从学校剥离出来，实行后勤服务社会化是改革方向。在完成食堂和校内商业网点社会化改革的基础上，逐步推进了学校后勤社会化的步伐，实现了物业管理的整体外包，采用公开招标的形式选择了相关公司负责学校的物业管理。"物业管理外包"项目运行以来，大幅度提升了学校物业管理的水平和质量。现在校园更卫生了，环境更优美了，学生宿舍更安全了，车辆和人员进出更有序了，学校优化了资源，减轻了负担，甩开了原来后勤工作中职工家属、朋友关系这个难以管理的包袱，轻装上阵，一心一意地抓好人才培养工作。

学生管理自主化。能够自己管理自己的生活是一个令人振奋的消息；更是一个对自立能力的挑战。宋丛文说：**相对于本科院校，**

---

(51) "走动式管理"最早是由管理学大师帕斯卡尔提出的，此管理模式是企业管理人员更深入了解现场情况，向职工现场传达企业管理意图，渗透管理理念的一种有效途径。

职业院校的学生更迫切需要提高自我管理能力。他吸收了著名教育家陶行知关于"学生自治"的思想。他说:"**学生管理自主化,不是自由行动,而是共同治理;不是打消规则,而是大家共同守规矩,是学生进步、养成习惯、提升能力、服务他人的一个过程**"。学校学生自我管理委员会分三条线组成:与教学管理和思想政治教育工作密切结合的渠道,校团委、学生会——二级学院团委、学生会——团支部、班委会——科代表、小组长——学生个人。与后勤管理密切结合的渠道,校学生公寓管理委员会——楼栋管理委员会——楼栋长——层长——寝室长。与学生自治组织密切结合的渠道,校社团联合会——各个学生社团。由此形成了学生自我管理的三种形式,学生宿舍自我管理模式、自主班级管理模式、社团协会自我管理模式。学生自我管理委员会作为协助学校建设良好的学习生活秩序和环境的学生自治组织,通过参与学生事务的民主管理,促进学生之间、学生与教职员工之间的沟通,加强学校与学生的联系,维护校规校纪,倡导良好的校风学风,及时反映学生的意见和建议,维护学生的正当权益。为激发学生的积极性,在学生自我管理组织机构人员配备上设置了多种岗位。"**让每个学生都担任一项职务,让每个学生获得为同学服务、锻炼自己的机会,让学生最大限度地挖掘自己的潜能**",宋丛文说。

对接校内相关职能部门。学生工作处(团委)负责对学生自我管理委员会、校团委、校学生会及学生公寓管理委员会进行领导与监管,指导学生自我管理委员会自主开展各项管理工作,自主管理组织各机构及时向学工处(团委)反馈信息,汇报工作。保卫处直接领导校学生会纪保部,负责为学生自我管理组织机构提供安全工作指导,进行安全管理教育,学生自我安全管理工作及时向保卫处反馈信息,汇报工作。总务处直接领导学生公寓管理委员会,指导学生自我管理机构对公寓、教室等场所设施进行维修与管理,对学生提出的维修等后勤服务及时处理，学生自我管理委员会及时将公寓、教室等公共场所设施设备损坏情况向总务处报告并提出申请维修。各二级学院负责对本院学生会（院团委）、班委会（团支部）、科代表、小组长进行领导与监管，院学生会（院团委）、班委会（团支部）、科代表、小组长及时向各学院反馈信息，汇报工作。根据学生反映问题的实际情况，不定时地召开学生自我管理委员会与不同职能部门的联席会议，联席会议保证每月召开一次，协商解决同学集中反映的关系到学习、生活等切身利益的问题。

湖北生态工程职业技术学院学生自我管理体系

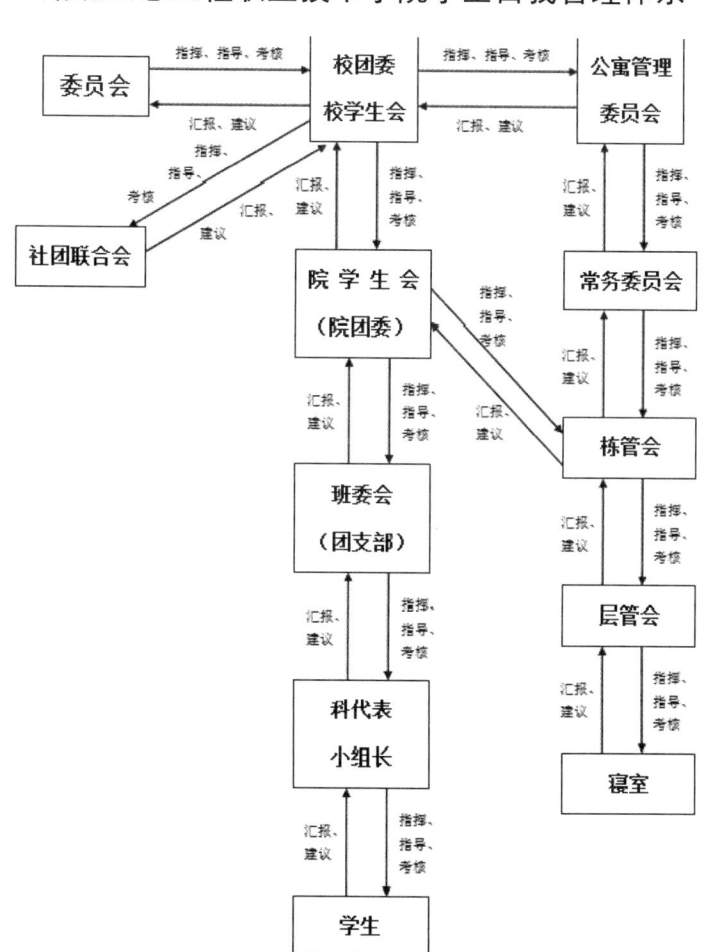

学生自我管理体系建立起来以后，运行效果显著。一是学生自主组织、自发开展对上课出勤、课堂纪律等情况不定期检查，对学生出勤进行考核，了解学生的学习状态，发现不良现象，协助学校第一时间进行解决；二是学生自主组织、自发开展形式多样的知识竞赛、技能比赛，组织学生积极参与，提高了学生积极性；三是自主组织、自发开展学生寝室卫生、安全检查、文明寝室创建等活动，引导学生养成良好的日常生活习惯；四是自主组织、自发开展丰富多彩的文娱体育活动、社团活动，充实学生的课余生活；五是自主组织、自发开展优美校园、和谐校园、安全校园创建活动，为学生营造舒适、文明的校园环境。总体而言，通过自我管理委员会的运行，学生的自主学习能力、自理生活能力、道德判断力、组织协调能力、自我保护能力、创新能力和社会责任感得到了极大提升。

每个人都有巨大的潜能，只是被开发的程度或潜能的类别不同而已。学生自我管理能力的提升，让学生由主要依赖"他律"转为"自律"，最重要的是能够提高学生的综合素质，提高学生毕业后的就业竞争力，从而树立学校品牌。

学生教育管理双轨化。湖北生态工程职业技术学院按照教育部出台的"专职辅导员＋班主任"的学生工作模式进行队伍建设。这种新的学生工作模式将辅导员从日常事务管理中解脱出来，并通过辅导员队伍职业化为加强和改进大学生思想政治教育提供了时间保证和能力支撑。另一方面，专业教师担任班主任工作也避免了过去辅导员专业知识的不足，为学生的学业指导提供了保障。

辅导员队伍建设从"高进、严管、精育、优出"入手，注重辅导员队伍整体素质的提高和考核机制的完善。一是严格保证质量。要求辅导员原则上应为中共党员，还应具有与工作相适应的专业知识背景、职业素养和职业能力。二是基本保证数量。按照教育部的要求，以1：200的比例配备了专职辅导员。三是建立岗位流动机制。

新进教师原则安排在辅导员岗位上，工作满三年后才可以申请转岗。四是注重能力提升。每年举办暑期辅导员培训，每年输送多批辅导员参加湖北省举办的湖北高校辅导员培训等相关培训活动。同时，为每个班级配备了班主任。班主任以灵魂工程师、学业指导师、生活辅导师为标准，班主任从专业教师、中层干部或校企合作单位中选聘，选拔政治强、业务精、纪律严、作风正的人员担任班主任，与专职辅导员队伍相辅相成、有机结合，重点对学生进行思想道德、心理健康、行为规范、学业就业等方面的"一对一"指导。关于辅导员与班主任角色问题，宋丛文的话语很形象，**辅导员就像学生的妈妈，主抓日常管理；班主任就像学生的爸爸，抓大的方面，负责职业生涯规划**。

在辅导员日常管理中，学校提出了"认人、识名、知性格"的"七字"工作要领。一是要求辅导员善于做学生的思想政治工作和心理辅导工作，抓住不同学生的心理特点，掌握谈话技巧，提高帮助学生解决思想问题和心理问题的本领，特别是能够及时了解学生的思想动态和心理变化，并通过交流、谈话等方式化解学生的内心矛盾，舒缓学生的心理压力。二是要求辅导员尊重学生的积极性、主动性和创造性，注重方向上的引导和生活上的指导，以自身的人格魅力去感染学生，逐步树立教师的威信，赢得学生的爱戴与信任。经过多年的努力，学校已锻造出一支政治强、业务精、纪律严、作风正的高素质辅导员队伍，这支队伍成为开展学生工作的有力保障。

班主任的工作怎么考核？宋丛文亮出了他的观点：**用条目式、可量化的指标，简短地告诉班主任，一个月内要做哪几件事**。提出了"八个一"的工作要求，即：每月参加一次会议；每月完成一次听课；每月深入一次宿舍；每月与班干部、辅导员进行一次班情沟通；每学期组织一次活动；每学期组织一次讲座；每学期与每位学生有一次谈心、交流或沟通；在外实习的班级，班主任每月至少有一次联络沟通。

湖北生态工程职业技术学院专职辅导员主要负责学生的思想政治工作、品德教育工作和学生的日常事务工作，具体包括开展学生党建、班风建设，指导学生组织社团、青年志愿者活动以及勤工助学、助学贷款事宜等。班主任则负责学生的学风建设、学业指导与职业规划、就业指导等事宜。这样专职辅导员同班主任分工合作，既能够发挥自己的专业特长，同时也可确保队伍的稳定，使得辅导员和班主任将自己从事的工作同职业规划紧密地结合在一起，避免了专职辅导员因为发展前途的不确定性而导致队伍流动性过大，无法实现辅导员队伍经验积累的弊端。

安全护大局

师生安全是学校最重要的工作，没有学校的安全管理，也就无从谈起学校的管理，更没有学校的发展。平安校园建设是学校提升和发展的前提，在宋丛文推进平安校园建设的实践中，"网格化"是关键词。在他的努力下，学校建立起了完善的网格化安全管理工作体系，主要体现在三个方面：一是**每两周以党委会的形式召开一次校园综合治理工作例会**（意识形态研判），听取两周校园安全稳定工作汇报，传达上级有关安全稳定的文件精神，专题研究校园安全稳定工作。二是**实行卫生安全区责任包干制度**。优化责任区划分，将整个校园划分为20个安全卫生责任区域，104处安全卫生责任场地，分别落实到16个责任部门，由26位责任人、76个安全卫生管理员具体抓落实，并安排6个部门进行监督检查。在落实过程中，要求每个部门将检查落实情况每周五报保卫处，在自查自纠中坚持谁检查谁签字谁负责。三是**实行24小时值班和巡查制度**。每天坚持保卫处人员、保安、校卫队员对校园进行巡查,校领导带领中层干部24小时维稳值班,辅导员轮流住寝等,完善各类值班制度,并规定每天的值班和巡查要有详细的记录。

结　语

从"五美教育"走向"双高计划"的特色治理

康德在《纯粹理性批判》结论中说：我们的一切知识都以经验开始，这是无可置疑的。但是经验的表述需要知识的构建，同样也是不容置疑。从国际看，特色大学是世界高等教育未来的总体发展趋势，任何大学要想在林立的大学体系中"扬名立万"、保持强劲的竞争优势，都必须成为特色大学。世界顶尖的哈佛大学、麻省理工、剑桥大学、牛津大学如此，其他高校也概莫能外。因此，作为特色大学的一种类型，特色职业院校同样是所有职业院校的追求。

大多数研究将职业院校特色界定为"学校在长期办学过程中形成的本校特有的、优于一般的治理、公认的稳定形态或特质"。其实，特色治理与职业院校的特色有明显区别，前者是指职业院校从外延到内涵已经具备不同于其他院校的标志性特征，已经上升到高级阶段；而后者只是在某些方面具有一定特色，并未上升到整体特色的高度，尚处于初级阶段。特色治理是职业院校发展的高级阶段，集中体现为，"特色业已成形、固化"，并全面体现在各个领域、影响全体师生价值观和行为。这一过程是养精蓄锐的历程，是一个不断摒除杂念、用心如一的历程，更是一个百折不挠、克服重重困难的历程。[52]

首先来探讨一下什么才是中国职业教育的特色。邹吉权研究认为，第一，国家层面的模式特色。综观世界职业教育发达国家，无不形成了具有本土特色的职业教育模式，如德国的"双元制"模式，英国的"三明治"模式，澳大利亚的TAFE模式，加拿大的CBE模式，新加坡的"教学工厂"，奥地利的"模拟公司"等。我国建设世界一流职业教育，必须形成具有中国特色的职业教育模式，而这一模式就是"产教融合"。第二，院校层面的办学特色。包括办学理念特色、办学定位特色、专业建设特色、人才培养特色、师资队伍特色、高职文化特色以及学校治理特色等。

湖北生态工程职业技术学院治理下的"五美教育"是公平而有质量的林业职业教育，符合新时代职业教育精神。结合学校治理，成立湖北林业职业教育集团，在林业企业中推行"五美教育"思想，凝聚林业力量和林业龙头企业的力量，做强做大公平而有质量的生态林业建设主力军。

林业职业院校特色发展的表征与生成图示[53]

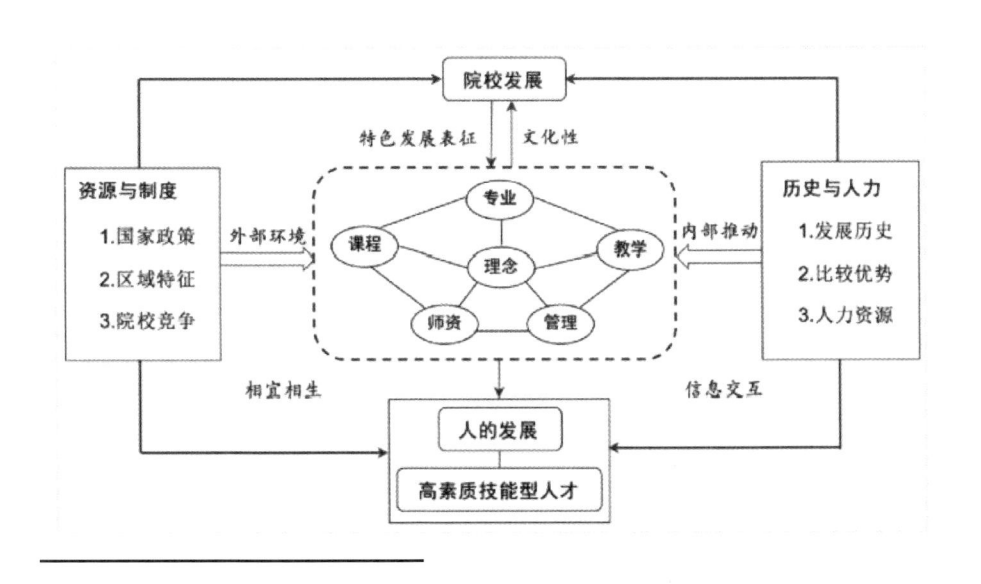

---

(52) 胡解旺：《特色高职的发展逻辑》中国教育报，2018年12月4日第9版。
(53) 高水平高职院校特色发展的价值意蕴与行动逻辑——中和位育思想的启示，职教论坛，2019.01

回顾湖北生态工程职业技术学院以"五美教育"为特色的治理能力建设成效，基本实现了"三个一"的理想状态：一份好章程、一套好制度、一脉好文化。具体说来，明确了根本目标——立德树人。形成了教学体系围绕这个目标来设计，教师围绕这个目标来教，学生围绕这个目标来学的良性态势。确定了改革核心——围绕一个中心——围绕服务林草行业，打造林业特色品牌院校；实现两个目标——招生进口旺，就业出口畅；履行三项职责——人才培养、行业培训、社会服务；搭建四个平台——教学改革的平台、实习实训基地的平台、校企合作的平台、继续教育的平台；把握五个关键——改革创新、科技支撑、规范管理、平安校园、能力建设。其中能力建设既包括基础条件建设，干部和教师队伍建设，还包括风清气正的作风环境建设，解决人力资源供给侧结构性矛盾凸显的问题。改革评价导向：初步建成常态化的教学诊断与改进体系，受到主管部门的高度肯定。构建面向市场、服务发展，构建对接产业链的专业体系。坚持需求导向，课程结构、课程标准来自需求侧（产业），而不是供给侧（学校）。搭建两个体系，承接林业干部职工培训的职能，林业职业教育单纯作为学历教育的格局发生变化，学历教育和行业培训双轮驱动，推动学校迈向高质量发展的台阶。湖北生态工程职业技术学院特色治理在价值层面体现出：已经告别了"参考普通高等教育做"的时代，走向"依据专门制度和标准办"的新时代，依靠特色制胜。[54]

特色治理的思考

从一般意义上说，"治理"的含义至少包含两方面的内容。第一，治理是作出决策的结构和程序，与行政或管理的不同之处，是多了一些民主性少了一些行政化；第二，从治理的客体和结果看，

---

[54]《职业教育迎来黄金期》《瞭望》新闻周刊，2018年2月。

治理是关于权力行使和责任履行的方式，主要关涉民主程序的兑现、责任、行政效率、法治、参与和公平。[55]周建松教授认为，职业院校内涵发展要以注重质量为目标，以突出特色为价值追求，以精细发展为约束，以创新发展为动力，实现可持续发展。具体到林业职业院校而言，这也是其治理能力建设的追求。

2019年5月，学校被湖北省教育厅认定为省级优质校，园林技术、林业技术、森林生态旅游、园艺技术、家具设计与制造多个专业被认定为国家骨干专业，花艺双师型教师培养培训基地被认定为国家级双师型教师培养培训基地，木工设备应用技术生产性实训基地被认定为校企共建生产性实训基地，徐海清大师工作室被认定为技能大师工作室。学校被认定为省优质校，这对于一所错失了示范校（2006-2008）、骨干校（2010-2015）建设机遇的行业职业院校来说，这不能不说是对特色治理的认可。

特色治理的前提是建立章程

当前，在推进林业职业院校内部治理变革的进程中，科学认知内部治理逻辑、准确把握内部治理结构是关键环节。林业职业院校内部治理变革的"着力点就是要落实职业院校办学主体、明确不同层级的利益相关主体。作为职业院校主管部门的各级政府应由管理者向服务者转型，通过转变职能，改变管理方式，下放管理权，发挥宏观调控、政策安排及监督的服务作用。鼓励职业院校治理改革向所有权和经营权分离的方向发展，扩大职业院校办学自主权，推动管办评分离目标的实现"。[56]《中华人民共和国教育法》第三章第二十六条规定："设立学院及其他教育机构，必须具备组织

---

[55] 顾建亚：《现代大学治理的内部监督制约机制研究》浙江大学出版社，2017年4月第1版，第25页。
[56] 李小娃：《高职院校治理改革：理论命题与实践问题》[J].职业技术教育，2015（16）：22。

机构和章程等基本条件。"《国家中长期教育改革和发展规划纲要（2010-2020年）》在第十三章建设现代学院制度中指出："各类高校应依法制订章程，依照章程规定管理学院。"《高等学院章程制定暂行办法》明确规定，"章程是高等学院依法自主办学、实施管理和履行公共职能的基本准则。"《国务院关于加快发展现代职业教育的决定》在完善现代职业学院制度中提出："职业院校要依法制定体现职业教育特色的章程和制度，完善治理机构，提升治理能力。"因此，职业院校制定符合各自实际的章程是符合依法治校的原则，可以进一步推动实现教育治理体系和治理能力现代化。内部有效治理的实质就是政治权力、行政权力、学术权力、参与权力这四种主要权力的科学使用并达到一种平衡状态。

特色治理的核心是固化理念

没有革命理论，就没有革命的行动。办学理念是学校的灵魂，有利于形成学校精神。有一个这样的故事，北京大学、清华大学、浙江大学的三个毕业生到同一个单位工作，领导布置一个课题，问谁愿意承担，北大的毕业生回答：我考虑考虑，"为什么要做这个课题？"如果有意义我就做；浙大的毕业生也说：我考虑考虑，"能不能做这个课题？"如果能够做我就做；清华毕业生则毫不犹豫地说："没问题，我来做。"表面上，该故事褒扬了一所大学、贬抑了两所大学，实际上，三个毕业生的回答恰恰彰显了三所大学的风格：北京大学的怀疑精神、浙江大学的实事求是精神和清华大学的敢为精神，这种风格是办学理念的突出表现，是异质性的，没有优劣之分，都是社会所需要的。可见，固化办学理念是治理能力提升的核心。

特色治理的根本是制度建设

制度建设是治理的基础和依据，是治理之本，治理的变革有赖于外部力量的推动，但它更需要内部制度的规范，特色治理最有力的保障是通过制度化的设计调动各相关主体参与治理的积极性。制度建设重点从两个方面着手，其一，制定实施体现现代职业体系的章程及配套制度。制定章程是现代学校制度建设的重要内容，作为指导职业院校办学的"内部宪法"，章程是制度建设的载体，章程的制定要符合现代职业教育的需要，吸收社会力量的参与。其二，推进校企合作制度化建设。校企合作制度化包括不断完善学校和合作企业的课程更新、订单培养、生产实训、员工培训、顶岗实习等制度建设，制定合作办学章程，建立健全校企联合培养人才机制，多种渠道开展校企合作，比如职业院校与企业共建实习实训基地、企业进校或者校进企业等形式。

林业职业院校特色治理体系

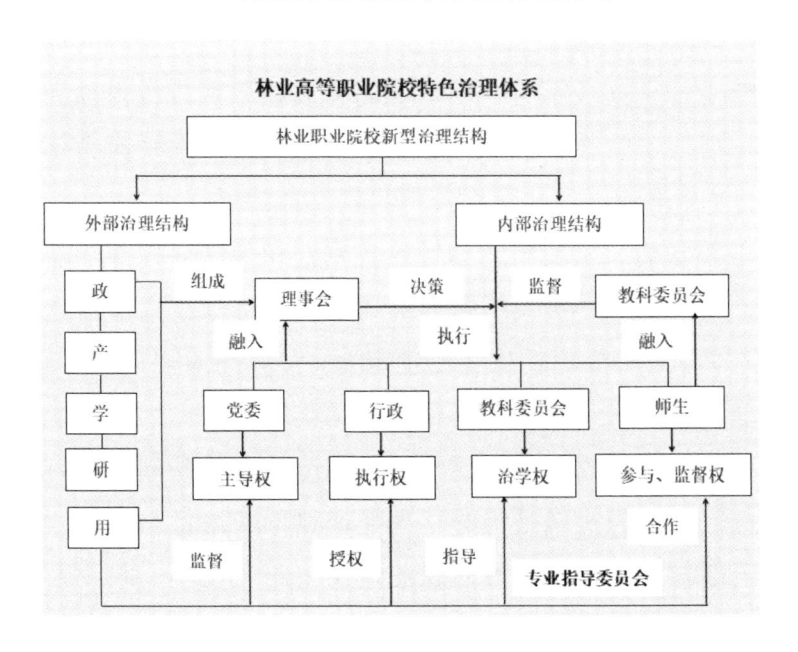

林业高等职业院校特色治理体系

特色治理的关键是优化结构

为了实现"扩大职业院校办学自主权,推动管办评分离目标",林业职业院校在推进内部治理变革的进程中,要不断优化内部治理结构,健全完善实现科学治理、协调治理、共同治理、有效治理所需要的内部各组织机构。各组织机构之间既要科学配置又要通力合作,以全面激活内生发展动力。更为重要的是,在推进内部治理变革的过程中,还要积极落实院校两级管理。

通过制度建设规范内部关系、建立合理的内部组织架构、建立内部治理运行机制等途径进行治理结构改革,提升治理能力。优化治理结构是制度建设的重要内容和基本目标,从治理结构的特殊性来说,内部治理结构不同于一般的普通高等学校,也不同于社会组织,应该体现职业教育的特点。

特色治理的诉求是提升能力

对林业职业院校而言,治理能力主要指职业院校内部为了实现依法治校与依法治教、保障人才培养质量和办学水平而具备的领导力、执行力、创新力。

一是领导力。学校组织和领导各利益相关者对内部治理进行战略抉择、科学规划、协调统筹的能力。为推进学校内部治理变革,要有专人负责,有专门机构和专项资金,加强统筹规划与统一管理,推动内部治理的科学化与规范化。二是执行力。对于推进学校内部治理变革,科学而规范的顶层设计与制度体系是基础,有力、有效地贯彻执行与组织实施是核心。为此,要不断培育与提升领导、中层管理干部与基层工作人员的职业道德与职业技能、职业素养与职业精神,进而不断提高与增强内部的执行力,确保各项制度能够得到全面贯彻与有效执行，推动各项规章制度实施的程序性、规范化与透明度。三是创新力。主要指理论创新与制度创新的能力。理论创新能力是在根植于本土化研究的基础上，学习与借鉴国内外职业教育的先进经验与成功做法，构建彰显中国现代职业教育理念的、富有林业职业教育发展特质的、凝聚自身办学特色的内部治理理论体系能力。董刚认为，特色鲜明是高水平职业院校建设的集中体现，是办学理念明确、办学定位精准、科学有效管理的显性成果，是区别于其他高等教育形式层次和类型的显著特征[57]。制度创新能力主要指职业院校不断调整、健全与优化现有内部治理制度，发挥各利益相关者的潜能，以激发内生发展动力，为提高人才培养质量与办学水平提供健全制度保障的能力。

特色治理的目标是提高质量

提高人才培养质量是加快发展现代职业教育的核心任务，既要看学生德智体美劳全面发展，也要看全面发展目标下的个性发展，更要看每个学生的成长与发展，这是推进职业教育改革创新的永恒主题。林业职业教育人才培养的质量具有特殊性，首先，不仅要使学生正确地理解和掌握职业知识，还要使学生获得职业技能和态度，发展职业能力，强调质量达成的双重要求，后者更为重要。其次，授课地点不仅在课堂上，**更多的是在林间、车间、田间完成的**，教学方式灵活，检验学生学习成效的标准和评价方式也是多样化的。第三，具有跨界性，社会各界参与程度高，人才培养的协同性和多元性决定了人才培养质量评价的协同性和多元性。第四，培养的是未来在生产一线工作的技术技能人才，人才质量决定着产品的质量

---

[57] 董刚等：《中国特色高水平高职院校建设（笔谈）》中国高教研究 2018,(06)。

和产业的竞争力，职业教育的人才培养质量对社会和经济发展具有更为直接的规制和推动作用。因此，治理能力建设首先要能够保证和促进学生的健康成长，要遵循教育规律进行制度设计和工作安排，保证教学成为学校经常性的中心工作，实现提高人才培养质量的初衷。基于这些认识，我们可以得出如下结论：完善内部治理结构目的是为了提升治理的效能，提高办学质量，培养更多的高素质技术技能人才。从实用主义的角度来说，即给每一位教师的成功提供机会，也给每一个学生的出彩提供机会。

特色治理的经验

　　林业职业院校的特色治理，重点是围绕"特色"做文章，特色的外在基本特征体现在"社会需求、优势突出、个性鲜明"上。建设的途径有多个方面，而最关键的是体制（内部管理制度）、专业、课程和人才培养四个方面，这几个方面存在着紧密的联系，专业是体制的落脚点，课程是专业的龙头，人才培养模式是实现培养目标的方式与手段。理解湖北生态工程职业技术学院的治理能力建设可以称之为特色除了前面大量的手段、措施特色论述以外，还可以从行动逻辑上进行考察，行动逻辑是保障、是前提，也是核心。党委主导，在权力配置上首先保证了学校党委作为强有力的决策主体，全面主导治理能力建设。在特色治理建设上，党委扛起主责、抓好主业、当好主角，党委是大脑和中枢，必须有定于一尊、一锤定音的权威。此外，党委书记宋丛文尤其奉行以学生为中心的治理理念，赢得师生的支持和拥护，凝聚起治理的强大合力，保证了党委决策的优质高效，这是特色治理取得显著效能的又一重要原因。行政执行，学校行政推动实现各利益主体互相信任、互相协作、互相肯定，在治理操作上主要采用的是协商协调等共识型的治理手段。多元参与，确定了多元参与学校治理的范围与方式，教育与科技委员会、湖北省林业职教集团、学生自我管理委员会等多主体参与，为特色治理增彩添色。

核心能动者

作为现代职业教育体系建设主体的职业院校，其行动不仅要符合国家在特定阶段对职业教育提出的政策导向，更要照顾到地方政府和教职员工的期待以及学生、家长的期盼，还要关注行业、企业的现实和可能的需求，因此，其行动逻辑始终是以满足社会需求、提高办学质量为导向的。作为国家治理体系组成部分的林业职业院校治理，也必将向着现代化的方向迈进[58]。

伯恩斯认为，行动主体具有能动作用，可以通过自己的能动行为不断地形成和改进社会规则系统。同样，帕森斯也指出，行动主体并不独立存在，需要与目的、手段、条件和规范共同组成社会行动。他将行动主体看成具有一定"角色"和"地位"的人。党的领导是学校健康发展的根本保障，只有充分发挥党委的领导核心作用，全面贯彻落实党委领导下的校长负责制，才能做到统揽全局、把好方向；只有不断加强基层党组织建设，建立健全"创先争优"长效化、常态化机制，充分发挥基层党组织的战斗堡垒作用和党员的先锋模范作用，学校改革发展才有坚强的政治保障。在中国特色高水平职业院校建设过程中，有四点必须明确，一是必须坚持中国共产党的

---

[58] 高明：《"国家治理体系"视域下的高职院校治理》教育与职业，2016年4月下。

领导。正确处理好党的全面领导和党委领导下的校长负责制之间的关系，确保办学治校和建设计划在党的领导下进行。二是坚持办学的社会主义方向。落实立德树人根本任务，牢牢掌握意识形态工作领导权，增强主导权和话语权，培育和践行社会主义核心价值观。三是落实职业院校"四个服务"的工作要求，把"四个服务"作为办学治校和高水平建设带有方针性的要求来落实。四是推进校院两级管理，即推动治理中心下移，但实践过程中，重心下移与治理效能提升之间并不存在必然的因果关系（刘凤，2019），实际上，湖北生态工程职业技术学院在推动治理重心下移过程中，同步进行了治理结构的优化，使二级学院能够适应性地调整和转换，实现了重心下移促进治理效能的提升。

在湖北生态工程职业技术学院特色治理产生一系列变化的同时，也有着"不变"的主线贯穿其中，即党委始终作为改革发展的发动者和引领者领导着改革向纵深推进。宋丛文作为党委书记，发挥核心能动者的作用，始终坚持改革，大胆创新，办学治校取得了骄人的成绩，是湖北林业系统公认的改革先锋，使学校在全省行业办职业院校中，由原来的排名摆尾进入前三[59]。他在多年前错失示范校、骨干校等品牌的情况下，成功创建新一轮的优质校。具体成果主要表现在以下几个方面：党建和党风廉政建设成效显著，在林业主管部门考评中连续排名第一名。创新性地按照行业、企业、学校"三结合"师资队伍建设原则，开展了专业带头人、骨干教师和"双师型"教师梯队建设；实施全员招生，在校生人数连续创新高，在校生人数与2011年比翻了一番有余，达到了高职办学的最优规模。在较短时间内顺利完成了"两校合并"，并先后承接了湖

---

(59) 全省职业教育工作会议参阅材料，湖北省教育科学研究院，2014年11月。

北林业培训中心和湖北省森林旅游管理中心的职能，整合资源实现了新突破，拓展了学校发展空间。以创新的思维进行白沙洲校区处置，使用白沙洲校区资产使用权投资入股联合办学，保证了国有资产不流失和学校效益最大化。大力推进教学改革，重视学生技能培养，教学质量和办学水平显著提高，学生在各类技能大赛中表现突出，作为第44届、45届世界技能大赛中国集训基地，培养出两名世赛金牌选手，被人社部授予"世界技能大赛突出贡献单位"。第45届世赛3个项目，4名选手进入国家集训队，成为湖北省世赛成绩最好的职业院校。率先创办大学生创新创业孵化中心，提出"创新引领，生态培育"的创新创业教育理念，学校成为首批"湖北省大学生创业示范基地"。他不仅勇于担当，大胆改革，不断创新，而且发挥表率和示范作用，大力营造改革创新的良好氛围。在他的倡导和推动下，学校出台了鼓励改革、激励创新的制度和措施，对在工作上能够动脑筋、想办法、出实招的同志给予应有的支持和奖励；同时也能包容下属在改革创新中产生的一些不足，形成了崇尚改革、鼓励创新良好氛围。领衔建设了两个高水平院士工作站。组建武穴市林业院士专家工作站、麻城市五脑山院士专家工作站，为当地党委和政府提供了有关林业方面决策咨询意见，是麻城映山红资源旅游开发的第一功臣。多次获得各级各类科技进步成果奖，其中先后两次获得国家科技进步奖二等奖；两次获得湖北省政府科技进步奖一等奖和一次湖北省政府科技成果推广一等奖。被聘为湖北省科技厅首席专家和湖北省人民政府咨询专家，荣获全省事业单位专业技术领军人才称号。到校工作后，他本人没有申报或主持任何一项科研项目，个人通过社会资源争取到的一些项目主要交给青年教师来实施，支持和指导青年教师开展研究，营造科研氛围，提高科研水平，所以，在教师面前尤其是青年教师面前有崇高的威望。

在湖北生态工程职业技术学院走向特色治理的征程中，宋丛文对学校建设、改革与发展的重大事项，始终发挥了核心能动者作用，具体而言有四个方面：强化学校党委的领导，完善了"把方向"的机制，确保了学校特色发展与双高计划相一致；加强学校党组织建设，提升了"管大局"的能力；贯彻民主集中制原则，提高了"作决策"的质量；突出教学的中心地位，取得了"保落实"的成果。按照"把方向、管大局、作决策、保落实"的要求，[60] 实现了党要管党、党抓教学、党主育人、党育文化、党蓄队伍、党谋幸福，由此就不难理解，核心能动者在治理能力建设中的"党委主导"作用，呈现出现实语境下的湖北生态工程职业技术学院治理能力建设的全面领导者、核心能动者。

积极的行政

在本书特色治理的内涵中，"积极的行政"是相对于"消极的行政"而言的，"积极的行政"指学校内部行政体系作为积极的行动者在学校治理能力建设过程中扮演的角色，即贯彻实施决策者所做出的决定选择，并将决策观念付诸实施的一系列活动，是党委决策取得效能的关键一环，从林业职业教育历史发展和改革实践看，一个积极有为的行政班子是必要的。只是在推进治理能力建设进程中，要对积极的行政以合理的角色定位，建设一个有合理边界、高效廉洁、能激发和调动全体教职工积极性的"行政班子"，以实现"党委主导下的行政执行"。行政权力的核心是校长，校长的行政权力表现在作为主要负责人全面负责教学、科研和行政工作，与党委一起依法制定学校章程，使权力的行使与义务的履行得到有效落实，确保各利益相关者的权益，构建科学规范的制度体系。[61] 校长办

---

[60] 习近平总书记在2016年全国高校思想政治工作会议上指出，高校党委对学校工作实行全面领导，承担管党治党、办学治校主体责任，把方向、管大局、作决策、保落实。
[61] 杨建国 刘晓波 朱小蓉：《高等职业院校内部治理结构研究》当代职业教育，2012年第10期。

公会是行政议事决策机构，是一种集体讨论、个人决定的决策模式。主要研究提出拟由党委会讨论决定的重要事项方案，具体部署落实党委决议的有关措施，研究处理教学、科研、行政管理工作。周建松教授进行过精辟的总结，他认为，行政体系要发挥好六项责任：法律上担责、教育上尽责、保障上知责、科研上明责、服务上强责、合作上负责。具体来说，积极的行政体现了以下几个方面。

重视思想政治教育是重要特点。坚持德才兼备、以德为先的人才培养方向。这里所说的德，是全方位的概念，既有爱党、爱国、爱社会主义的大德，也有社会公德、职业道德、家庭美德等中德，还有个人修身养性、立身处世行为规范等小德。重视和加强学生思想政治教育工作，引导教育学生正确认识世界和中国发展大势，正确认识中国特色和国际比较，正确认识时代责任和历史使命，正确认识远大抱负和脚踏实地，使青年学生朝着正确而又清晰的方向前进。切实抓好教师思想政治教育工作，形成争做"四有"好教师的良好氛围，教师做到坚持教书和育人相统一，坚持言传和身教相统一，坚持潜心问道和关注社会相统一，坚持学术自由和学术规范相统一，教师成为学生锤炼品格、学习知识、创新思维、奉献祖国的引路人。

全面构建立体化育人体系。在做好全程、全面、全方位育人的基础上，在面向全体学生育人，动员和激发广大教师全心育人以及营造良好的全景、全境育人环境上下功夫，积极构建学校、家庭和社会互动育人机制。改革创新始终是推动发展的不竭动力。

坚持以人为本才能最有效地凝心聚力。学校是师生员工成长的平台，师生员工是学校发展的依靠。只有突出人的主体地位，尊重人才，依靠人才，才能确保学校在日趋激烈的竞争中立于不败之地。学校建设和发展的成果只有惠及全体师生员工，才会激发广大师生的积极性、创造力。只有把促进学生成长成才，把提升教职工幸福指数作为工作的出发点和落脚点,学校的事业才能永远朝气蓬勃。

行业特色是学校永不能放弃的制胜法宝。对林业行业职业院校来说,积极的行政还必须坚持走特色发展道路不动摇,充分发挥林业专业优势,强化林业行业办学特色,始终高举生态文明建设和绿色发展的大旗,始终坚持为建设美丽中国的伟大事业培养人才,才能很好地体现学校的存在价值与竞争优势,才能立于不败之地。

学校治理能力建设的实践证明:改革是学校发展的内在动力,是解决学校发展问题的根本方法,是保证学校持续、健康发展的重要途径,学校每一步的发展都是改革创新的成果。只有坚持改革才能不断地为学校发展注入生机和活力,解决制约发展的瓶颈和难题。改革创新成就学校快速发展,同样照亮了学校未来发展的方向。

多元化共治

一所职业院校能否适应整个体制建设要求,必须遵循高等职业教育办学规律,建设良好的治理体系。根据中国的国情和特点,在正确把握党委领导与校长负责、正确处理学术权力与行政权力,正确发挥教职工代表大会作用、明确把握校院两级管理的力和度等方面形成良性机制,内部质量保障体系建设卓有成效,从而确保学校良性高效、高质量、高水平运行。在新时代背景下,从职业教育内外部环境看,职业教育的治理客观上要从单维管理过渡到多元共治,在合理的制度框架内,分配职业教育利益相关方参与职业教育共同治理的权利和机会,通过博弈实现各种权利、价值和利益之间的平衡。[62] 学界常引用多中心治理理论,该理论最初出现在制度经济学研究领域。多中心治理强调自主治理,其治理的目标在于实现公

---

(62) 陶军明 庞学光:《职业教育治理:从单维管理到多元共治,中国职业技术教育》2017(03)。

共利益最大化，尽可能满足公民的多样化需求。多中心治理允许在公共事务管理过程中存在多个权力中心，通过对权力的有效分配，在制衡机制的作用下实现各权力主体之间的合作共治。多中心治理的方式是"合作——竞争——合作"[63]，是一种以多元为本、权力共治的机制来取代行政权力独大的局面，林业职业院校探索多元主体共同参与的多中心治理模式，实现相互促进的治理格局，多元主体都有一定限度的参与权、决策权，表达不同群体的利益需求。

综观湖北生态工程职业技术学院多元化共治特色治理经验：一是推动行政力量下沉，提高治理的精细化程度，主要以学生网格化管理为代表，更加注重学生自我管理精细化和服务多元化。二是凸显林草行业组织的桥梁纽带作用，主要以"湖北省林业职教集团"为代表，着力突出"自助互助、有序参与"。三是发挥党委的引领示范作用，突出参与治理的专业化和多元化，主要以"教育与科技委员会""职代会""教学工作例会""学生工作例会"为代表，不断推进协商民主常态化。

关于教育与科技委员会的运行机制。制定了章程，统筹行使学术事务审议、评定和咨询等职权，发挥其在学校中长期教育发展规划、专业建设、学术评价、教师梯队、教学改革、专业技术职称初评、学风建设等方面职责。形成了教科委的三项职责：教科审议、教科评审、教科咨询。

关于校企合作委员会的运行机制。成立湖北省林业职业教育集团，吸纳涉林职业院校、行业企事业单位、科研院所、行业协会等理事单位70家。以湖北省林业职教集团为依托，探索校企合作创新人才培养、校企合作共建实习实训基地、校企合作兼职教师的聘用与管理、校企合作教育培训管理、校企合作科研开发。形成了

---

[63] 王志刚：《多中心治理理论的起源、发展与演变》[J].东南大学学报(哲学社会科学版)，2009(S2)：35-37。

校企委的职责：搭建平台、资源共享、互惠互利。

职工代表大会的运行确保了普通教师能够参与学校治理，对学校的管理问题进行表决，影响决策主体的决定。

"教学工作例会""学生工作例会"根据教学、学生工作的需要，每月召开一次例会，目的在于发现并讨论工作中的问题，协调工作。对工作中存在的思想问题开展批评与自我批评，汇报工作，反映情况，统一思想。党委书记宋丛文说，**教务、学工例会平台要着眼于解决问题而不是安排工作。**

从外部治理来看，毫无疑问，政府是职业教育治理的主导者。职业院校是职业教育的主要实施者和人才培养的主体。企业是用人单位，也是职业教育人才培养的参与者。行业组织是职业教育的指导者。社会组织是职业教育质量的评价、监督主体。

由此，可将上述多元化共治力量归纳为四种：学校、政府、行业和社会。其中，政府的运行机制主要是用制度与体制来保障学校治理的良好外部环境，行业的运行机制主要是用利益驱动来保障治理方向与经济发展相吻合，社会的运行机制主要是用共识驱动来保障职业院校治理与社会需求的契合度。可以说，林业职业院校治理的三元力量在学校可持续发展进程中和谐互动，改变了行政逻辑处于主导的地位，共同推动林业职业院校实现治理能力和治理体系现代化。

林业职业院校从改革开放前"政校合一"式治理发展，到如今的"府管校办"式治理，再到今后"有限主导—合作共治"式治理，以及学校作为行业办职业院校所展示出的"核心的能动者、积极有效的行政、多元参与共治"治理模式，值得进一步探索和思考。至此，我们可以给林业职业院校特色治理下一个定义：**以生为本，以教学为中心走行业特色发展之路，争取政府放权和对内授权，有核心能动者领导，积极的行政去落实，强调多元主体参与共治，致力**

于在网络化管理制度安排下协调各方的利益关系，主张多主体、多中心和自我治理。

特色治理的展望

经过长期发展，林业职业教育已经从整体上基本完成了硬件建设阶段。当前，林业职业教育已经进入内涵发展的新阶段，治理体系与能力建设是重要内容，办出特色成了职业院校的目标定位。在此阶段中，林业职业教育既有面向新发展需求而持续加强基础能力的重要任务，更需在更大视野、更宽层面上考虑发展的新布局。比如，明确工学结合的技术技能型人才培养模式，体现实验室与林区地头的双向体验；创设部分学位层级，搭好学历教育体系的引桥；构建覆盖面更广的专业学位教育体系，并与现代职业教育体系相衔接；推行"学分银行"制，打造职普之间的学历交流通道。根据《国家职业教育改革实施方案》的要求，林业职业院校治理应破除过去由主管部门决定"生死"的单向度管理模式，邀请多元化治理主体来探讨学校发展进程中出现的问题。其治理能力建设需要把握好以下几点。

进一步争取落实好办学自主权

特色治理的内涵十分丰富，强调多元主体参与互动式管理。从学理层面看，办学自主权也是 20 世纪 80 年代以来一直倍受研究者关注的热门话题，学者们从不同视角对其进行了多层次讨论。然而 40 年过去了，办学自主权在当下仍然有诸多不到位的地方。通过进一步对十八届三中全会以来关于职业院校治理的政策文本、学术研究、实践探索的梳理，笔者认为，落实办学自主权为特色治理的前提。林业职业院校应积极向行业主管部门呼吁，做好放管服改革，落实和扩大学校学科专业设置调整自主权，落实和扩大学校编制及岗位管理自主权，落实和扩大学校选人用人自主权，落实和扩大学校薪酬分配自主权，落实和扩大经费及资产使用管理自主权，落实和扩大基本建设项目自主权。

进一步推进章程执行机制建设。章程的制定能让各项工作有"法"可依、有"法"必依，但在实际工作中，章程实施的法定性不明、章程规制的不完整性、治理主体参与的不完全、制度执行的理性缺失将会造成林业高等职业院校治理困局[64]。主要原因是学校章程往往呈现虚化的状态，即制度的存在并不能发挥实际的作用，制度层面的有效性不能得到体现。据此，要建立健全章程落实的制度机制，确保章程能够不走样地被执行，加快形成以章程为统领的制度体系。其一，做好内部制度体系的总体规划。其二，落实制度体系建设责任。其三，完成规章制度的"废改立"。

进一步构建多元参与治理模式

特色治理强调多元主体参与互动，林业职业院校既是一个独立的系统也是一个开放的系统，要协调各方面的利益引向学校的整体利益，当前要重点抓的就是产教融合。产教融合是职业教育的一种指导理念，校企合作是职业教育的一种办学模式，要探索成立由政产学研用共同参与的理事会或董事会，建立由大师名师技师参与的专业工作室，推动行业、企业和地方参与学校治理，形成产教融合长效机制，实现学校专业校企合作全覆盖，使利益相关方全过程参

---

[64]肖凤翔 肖艳婷：《章程视野下的高等职业院校治理：困局、归因及改进思路》中国职业技术教育，2018年第12期。

与学校管理、专业建设、课程设置、人才培养和绩效评价,让多元参与共治的机制"生根落地"。

进一步创新完善教授治学体系

保障学术权力的关键是"去行政化",学校行政权力从"管理"向"服务"转变,行政为学术服务,改革以行政为主导的学术决策机制,明确学术委员会为学校的最高学术机构。在委员中缩小校领导的比例,扩大专业教师的比例,提高无党政职务教授的参与比例。设置学术委员会办公室,完善保障学术权力的管理制度。开展定期咨询和议事制度,建立学术评价机制和学术咨询服务机制。

进一步完善校院两级治理结构

在职业教育治理结构方面,中国特色职业教育治理现代化,强调构建一个有机化的职业教育治理结构,即实现职业教育内部治理结构与外部治理结构从分化到整合的转变。(庄西珍,2016)这方面,各院校进程不同,对林业职业院校而言,首先要从垂直管理转向校院两级管理,明确规定学校、二级学院及各职能部门的各自职责范围,赋予他们相应的管理权,确立职、责、权相一致的管理体系,进一步整合优化配置学校教育资源,保障资源配置、经费投入的合理科学,形成校院两级管理层次,使二级学院在学校党委和行政的统一领导下,作为办学和管理中心有权自主开展学科建设、人才培养、科学研究和社会服务等工作。同时,随着职业教育的高质量发展,其重点工作不断有新的变化,学校需要相对频繁地调整内设机构来与之相对应。

进一步探索重点发展领域改革

人是治理的主体，同时又是治理的客体，一切有效治理都要通过人的工作来实现，特别是需要通过那些追求学习进步、坚持与时俱进、勇于开拓创新的人的勤奋工作来实现。治理能力提升的关键环节是人的素质，加强治理能力建设，提升自身的治理能力，要不断深化人事分配制度的改革，健全教师主动参与社会服务的激励机制，力争在以教师为主体的人力资源开发等方面取得更大突破。要稳妥高效开展好"1+X"试点工作，要立足专业，对标治理体系，协同"1"，实现学校治理的高度，在治理体系中构建凸显学历证书的专业内涵，以专业群建设为契机，彰显师生在专业建设、人才培养中的主体地位。在治理体系的运行中凸显学校治理的现代内涵，围绕职业教育的职业性，实现整体优化。立足行业，对标资历框架，协同"X"，实现人才培养的广度，做好职业资格证书的开发与培训工作，探讨学历证书与职业资格证书的互通、互融。

后　　记

2018年5月，国家林业和草原局职教中心将笔者申报的研究课题"新时代林业职业院校内部治理问题研究"立项为2018年度全国林业职业教育研究课题。7月，国家林草局安排学校在北戴河举办的全国林业职业院校治理与领导能力建设研讨会上专题介绍学校治理能力建设方面的经验。本书为湖北生态工程职业技术学院特色治理的实践展示，也融入了笔者的一些思考。

本书逻辑主线是围绕以林业职业院校内部治理的前提性基础、过程性生成和整体性保障整个过程，沿着对"缘何"、"是何"、"何状"、"何向"、"何人"、"何以"、"何态"和"如何"这八个层面问题而展开研究，旨在总结湖北生态工程职业技术学院特色治理的实践，展示治理能力发展逻辑。

第一，"**缘何**"主要指向林业职业院校内部治理的"问题缘起"。主要运用文献梳理的办法，从我国林业教育及林业职业教育发展的历史背景出发，全面梳理林业职业教育发展的基本趋势，对"治理""管理"等核心概念进行界定，并对几对易混词进行区分和关系梳理。

第二，"**是何**"主要指向林业职业院校内部治理的"意蕴诠释"。主要阐明林业职业教育内部治理的立论基础、内在意蕴、发生机制、价值取向，从而确立林业职业教育内部治理在主体、过程、方法等方面的多维度、多向度、多层面治理基础。

第三，"**何状**"主要指向林业职业院校内部治理的"现状扫描"。主要从整体层面探讨林业职业教育内部治理的现状，具体考察职业院校在治理方面存在的主要问题，考察决策主体单一、决策权力集中，学术权力虚位、行政权力越位、学生权力无位，监督机制缺失、监督实效低下等问题，并剖析这些问题的原因。

第四，"何向"主要指向林业职业院校内部治理的"治理逻辑"。就内部治理来讲，党委领导下的校长负责制是我国大学根本的领导体制，同样也是林业职业院校治理逻辑的起点。党委领导、校长负责、教授治学、民主管理是林业职业院校内部的决策运作方式，这个问题社会都很关注。从学校到学院再到基层学术组织，怎样进行权力配置是十分重要的，事关林业职业院校组织运转的效率和办学的效益。

第五，"何人"主要指向林业职业院校内部治理的"治理主体"。林业职业教育治理就是不同治理主体相互协商、博弈，共同促进职业教育事业发展的过程。林业职业教育治理主体结构在不同时代背景下具有不同结构特征，如何实现在林业职业教育共治中"善者"的生成，具体通过确立多中心治理主体在意识层面与行为层面的归属认同，进而明晰与其他治理主体之间的间性关系和各自所拥有的权责和职责，从而确保各治理主体形成内在意识层面的认同和外部行为层面的协同。

第六，"何以"主要指向林业职业院校内部治理的"治理过程"，"治理结构以'权力'的合理配置与运行为核心"。在由规模发展向内涵式发展的转型中，快速扩展所遗留的内部治理困境日显突出。首先，内部权力架构与本科类高校高度同构，但由于起点低、沉淀少以及资源限制，难以像本科院校一样建立较为完善的各种权力组织体系。其次，林业职业院校受主管部门的把控、干预更加直接和具体。林业职业院校因基础差，在快速扩张的过程中，对政府的资源更加依赖。再次，林业职业院校难以体现学术上的权力，"学术委员会"对行政的依附性更强，执行性特色更浓。

第七，"何态"主要指向林业职业院校内部治理的"治理效果"。该部分主要围绕林业职业院校内部治理在完成一个阶段的工作后其后续的影响作用,对治理结果生成的效果治理,是为了推动治理工作发展成一种"线"状,进而到"环"状的治理发展模式,**实现"三个一"的理想状态:一套好制度、一个好班子、一脉好文化。**

第八,"如何"主要指向内部治理的"机制保障"。围绕建立全方位促使林业职业教育在共治中走向善治的保障机制,林业职业院校要争取在办学理念、办学特色、专业设置和调整、人事管理、教师评聘、收入分配、学生管理、平安校园、社会服务等方面的办学自主权,要依法制定体现职业教育特色的章程和制度,完善治理结构,提升治理能力。

本书在写作中吸收了学界尤其是行业院校众多学者成果,这些闪耀着科学理性的观点、思想理论与研究方法,为本书顺利完成给予了学术上最好的学习样板。笔者深刻体会到,尚不具备在某一领域理论层面有所建树的潜力,更多的是沿着前辈荜路蓝缕的基础上继续着夯实路基的工作。如果这些数据、资料能为研究者提供一些启示,提供一些有价值的帮助,笔者将倍感欣慰。

特色鲜明是职业院校的生命,是高水平职业院校建设的集中体现。最后必须要强调的是,**特色治理既有体系问题,也有能力问题:**治理必须有一个框架,治理必须有明确理念,治理必须有一定依据,治理必须有基本目标,治理能力建设十分重要,治理需要探索和形成治理文化。林业职业院校的特色治理更应强调有效,而不是西方意义上的民主参与,以治理绩效为评价标准,特别是在新时代强调"党的全面领导"话语下,全面提升党委在学校工作的全面领导,发挥核心能动者的作用,建立积极的行政体系,促进多元化参与共治,应该说通过这个途径能够实现林业职业院校的治理能力和治理体系现代化。